走出情绪风暴，做从容引领的父母

王行 著

机械工业出版社
CHINA MACHINE PRESS

图书在版编目（CIP）数据

走出情绪风暴，做从容引领的父母 / 王行著 .
北京：机械工业出版社，2025.6．-- ISBN 978-7-111
-78208-7

Ⅰ. B842.6-49

中国国家版本馆 CIP 数据核字第 2025HU9094 号

机械工业出版社（北京市百万庄大街 22 号　邮政编码 100037）
策划编辑：刘利英　　　　　　　　　责任编辑：刘利英　章承林
责任校对：王小童　杨　霞　景　飞　　责任印制：任维东
北京科信印刷有限公司印刷
2025 年 6 月第 1 版第 1 次印刷
147mm×210mm·9.125 印张·1 插页·195 千字
标准书号：ISBN 978-7-111-78208-7
定价：59.80 元

电话服务　　　　　　　　　　　网络服务
客服电话：010-88361066　　　　机　工　官　网：www.cmpbook.com
　　　　　010-88379833　　　　机　工　官　博：weibo.com/cmp1952
　　　　　010-68326294　　　　金　书　网：www.golden-book.com
封底无防伪标均为盗版　　　机工教育服务网：www.cmpedu.com

读者朋友，你好。我是一位拥有心理学硕士学位，目前就职于上海复旦系某九年一贯制学校的心理老师，一直专注于儿童心理和家庭教育咨询领域。十几年一线的教育教学经验及受邀在上海家长学校担任特聘家长讲师的经历，让我有幸与成千上万的家庭紧密合作，深入了解父母在育儿过程中的挑战与需求。今天，非常荣幸地向你介绍我的这本新书——《走出情绪风暴，做从容引领的父母》。

这本书的创作灵感源于我在知乎等平台为父母们答疑解惑时的深刻体验。在那里，我感受到了来自父母们的认可与肯定，这让我更加坚信自己的价值和使命。作为知乎平台儿童心理、儿童教育和亲子关系三个领域的优秀答主，我深知自己拥有这三个领域内的专业知识和丰富经验。同时，我也是一名拥有 30 万粉丝的全网创作者，这让我有更多机会接触到不同家庭、不同孩子的教育问题，从而积累了大量的个案咨询经验。在过去的十几年里，我一直专注于家庭教育系统知识的研究。我深知每个孩子都是独一无二的，因此我始终致力于将复杂的理论知识转化为简单易懂、可操作的建议，帮助父母们解决实际育儿中的问题。

除了专业知识，我还将自己作为母亲亲自养育儿子的经历融入其中。这段经历让我更加深刻地理解了父母在育儿过程中的艰辛与困惑，也让我更加坚信，通过提升父母的情绪管理能力，普及科学的育儿方法，可以帮助孩子更加健康、快乐地成长。

在为父母们答疑解惑的过程中，我发现很多父母都面临着焦虑和迷茫。他们担心自己的育儿方法是否正确，担心孩子的成长是否顺利。面对这些问题，我总是耐心倾听、细心解答，并给予他们最实用的建议。我希望能够通过我的努力，帮助他们缓解焦虑、找到方向，增强他们的育儿效能感。

这本书的写作过程也是我对自己过往经验和知识的一次总结和梳理。我希望书中的内容能够给更多的父母带来启发和帮助，让他们在育儿道路上走得更加坚定和自信。我相信，只要我们用心去爱、去关注孩子的成长，用科学的方法去引导和教育他们，就一定能够培养出健康、快乐、有责任感的孩子。

《走出情绪风暴，做从容引领的父母》是一本专门为父母设计的书，旨在帮助父母识别和解决在情绪管理中遇到的核心问题，即"知道却做不到"。首先，本书详细分析了造成这一现象的四大原因，并在理论和实践层面提供了解决方案。同时，它关注父母与孩子之间关系的修复与重建，这是情绪管理的基础。其次，本书探讨了儿童情绪能力发展的基本规律，这对理解孩子的行为和情绪反应至关重要。最后，本书还详细讨论了父母情绪表达的目的与技巧，并注重父母的情绪管理在特殊场景下的应用，这可以帮助父母在面对特殊情况时更好地处理情绪。

本书适合所有0~10岁孩子的父母阅读，特别是那些充满活力、愿意学习、希望改善亲子关系和提升情绪管理能力的父母。在书中，你将找到自我测评、自我觉察练习等实用工具，这些工具可以帮助你将理论知识转化为日常实践，从而更好地管理自己的情绪，为孩子创造一个更加和谐的家庭环境。

在阅读本书的过程中，建议你尝试边阅读边实践，这样做可以更有效地理解和应用书中的内容。我坚信，通过认真阅读本书，你将会更加自信地面对育儿过程中的情绪挑战，并营造出一个更加健康、快乐的家庭环境。

从 2020 年我收到机械工业出版社刘利英老师的邀请信至今，这段书写旅程已过去 4 年。在这期间，由于工作的繁忙和生活的种种变化，我曾多次感到焦虑，担心这本书的写作进度。我深深地感激刘老师对我的包容、理解以及持续不断的支持。在经过 4 年的精心准备和细致打磨后，这本书终于成稿了。

在此，我也要向我的家人——我的父母、丈夫和儿子大丰收表达我深深的感激之情，他们的支持与爱是我不断前进的动力。此外，我也要向每一位翻阅这本书的读者表示由衷的谢意，因为你的关注和支持对我来说是莫大的鼓舞。衷心感谢你的支持，愿这本书能够为你在育儿旅程中照亮前行的道路，带来希望之光。

王行

2024 年 8 月 7 日

目录

第 1 章

成为高能量父母

在多年的儿童心理和家庭教育咨询工作中，我遇到了许多低能量父母。他们通常容易感到焦虑和情绪失控。

尤其在养育孩子的第一个年头，新手父母会面临前所未有的挑战。在生理层面，产后新妈妈体内的孕激素和雌激素水平会迅速下降，从而影响新妈妈的情绪和思考能力。这时，新妈妈就容易感到焦虑和情绪低落，担心孩子吃不饱，为自己奶水不足而自责，等等。烦躁和愤怒也比较常见，在睡眠不足的情况下，孩子持续的哭闹会让新妈妈异常烦躁，从而将积压已久的痛苦情绪发泄出来，对孩子置之不理，与家人发生激烈的争吵，甚至对孩子进行打骂等。持续的情绪低落、烦躁、愤怒等容易让新妈妈对自己失去信心并回避孩子的需求，表现为对孩子的冷漠和忽视。

除了生理上的疲倦，新妈妈精神上的压力也很大。孩子可能会在夜里频繁醒来吃奶，让新妈妈筋疲力尽；孩子白天小睡时总是要抱着才能睡得久一点儿，一放下就醒，好不容易放下睡着了，饭还没吃完就又醒了；好几天不拉大便让人担心、着急上火；突然厌奶，不吃母乳；猛长期的那几天每时每刻都要吃奶，孩子像挂在妈妈身上一样……对于类似这样的养育挑战，很多新妈妈会感到自我"被吞噬"了，生活节奏发生了翻天覆地的变化，完整的夜间睡眠没有了，私人时间与空间没有了，连吃什么都不受自己控制了。自己仿佛成了满足孩子需求的"工具人"，有些妈妈甚至对自己的孩子感到厌烦、憎恶，又对自己有这样的感受而内疚。新手父母不仅在知识储备上面临挑战，他们的心理承受能力和情绪调节能力也面临前所未有的挑战。

即使孩子步入幼儿园或小学，父母在育儿过程中遇到的困难和挑战仍然存在。在幼儿园时期，孩子可能会遇到情绪波动、注意力不集中等问题，同时也会面临社交冲突以及适应社会环境的挑战。随着孩子升入小学，许多父母发现自己对孩子的影响力有所减弱。孩子可能开始表现出叛逆行为、攀比心理或沉迷于游戏；或者在学习上未能养成良好的习惯，虽然有意愿做好但不够自律，表面上努力实则内心自卑；与老师和同学的关系也可能变得紧张，感到孤独、缺乏归属感和价值感；有的孩子可能不断制造麻烦，有的则可能自暴自弃。

即便父母有无数理由情绪失控，但我仍想表达：请不要这样！情绪失控会偷走你的能量。我见到过很多高能量水平的父母，从他们身上和我自己养育孩子的经历中，我深刻感受到避免情绪失控是成为高能量父母的前提。

我是一个 10 岁男孩的母亲。在我儿子（小名为"丰收"）出生后的前两年，我经历了顺产和全母乳喂养的挑战，这段时间充满了困难。从那些需要日夜抱着他睡觉、喂奶的日子，到他 2 岁半时自然断奶，我开始面对他的第一次叛逆期，这期间需要我展现出极强的情绪管理能力，并运用智慧和方法来应对他的情绪波动和行为问题，帮助他培养良好的习惯。这个过程就像是穿越荆棘丛，有时让我感到极度焦虑和疲惫。直到他顺利进入幼儿园，从被老师视为难以管教的"调皮猴"，成长为一个进步显著、表现优秀的幼儿园毕业生。进入小学后，他由过去那个喜欢玩耍、面对困难会退缩的"小懒猪"，变成了一个能够自觉完成日常作业的学生，展现出了一个模范小学生应有的自我管理素质。

因此，我在这本书中整合了 15 年来积累的心理学知识、咨询案例、作为母亲的经验以及众多高能量妈妈的实战经验和育儿妙招。我的目标是帮助你快速进步，充分利用孩子 0～10 岁这一建立亲子关系的黄金时期，以更广阔的视角审视大多数父母常遇到的问题，并找到解决之道，从而消除你的焦虑。

不做情绪失控的父母

老话常说："观其三岁可知大时，察其七岁可窥老态。"根据脑科学研究，0～6 岁的儿童正处于大脑发展的关键阶段，此时，婴幼儿的大脑每秒能建立超过 100 万个新神经连接，并持续到7～10岁。这一阶段是大脑神经元连接最为活跃的时期，在此之后，个体大脑的可塑性将逐渐减弱。同时，0～10岁也是儿童性格形成和社会情感能力培养的重要时期，年龄越小的儿童对父母和家庭的依赖性越强。

但儿童与养育者之间的关系并不总是和谐的。学习如何应对逆境是儿童健康成长的重要组成部分。生物学及神经科学研究表明，当我们受到威胁时，我们的身体往往通过提高心率、血压和压力激素（例如皮质醇）水平来应对。

压力激活身体警报系统的时间是有限的。当儿童与父母或其他养育者之间建立了支持性的关系，能够为儿童提供理解、抚慰、帮助等支持性行为时，儿童面对压力时产生的生理反应更少，也更容易恢复到正常水平，即对儿童来说是"可忍受的压力"，大脑和其他器官也会从可能有害的影响中恢复过来，由此，儿童建立了健康的压力反应系统。

如果儿童经历强烈、频繁或长期的逆境，例如身体或情感上的虐待，长期受到忽视、遭受暴力等，儿童所面临的压力反应极端而持久，且无法获得来自父母的"缓冲"、没有足够的成人支持，那么，这种"毒性"的应激反应可能会使儿童的压力反应系统往不利于健康成长的方向发展，比如，使儿童产生恐惧、抑郁等情绪问题或一些行为障碍。更有甚者，这种"毒性"压力反应系统的长时间激活，可能会破坏儿童大脑的结构和其他器官的发育，并增加成年后患与压力相关的疾病和认知障碍的风险，且儿童在日后的成长过程中会持续受到影响。

父母情绪失控与童年创伤

父母情绪失控对婴幼儿人格发展的影响

在孩子出生的第一年，如果父母缺乏心理能量、长期忽视婴幼儿、频繁变换养育者，甚至出现攻击、打骂等失控行为，则可能对婴幼儿造成不可逆转的心理创伤。

在 0～1.5 岁期间，婴幼儿的主要人格发展目标是培养安全感和信任感。对于他们来说，这几乎等同于"我能否存活"的问题，因为他们的生存完全依赖于抚养者。对世界和他人的信任感是健康人格形成的基石。这种信任将转化为人格中的"希望"，它能够增强个体的自我力量。拥有信任感的孩子敢于抱有希望，富有理想，并对未来有明确的定向。相反，缺乏信任感的孩子则不敢抱有希望，经常担心自己的需求无法得到满足。被忽视的情感体验、缺乏足够的拥抱和安抚、遭受抚养者情绪失控或行为虐待等情况，不仅会让婴幼儿产生恐惧、悲伤、抑郁等痛苦的情感，还会使他们在不稳定的抚养环境中失去对人和环境的信任，产生深刻且持久的不安全感，从而增加未来患人格障碍、心境障碍和精神疾病的风险。

在孩子 1～1.5 岁期间，随着自我意识的觉醒和语言及大运动技能的发展，他们开始渴望独立探索，想要摆脱成人的控制，想要随心所欲、对环境有影响力。2～2.5 岁的孩子处在人生中第一个叛逆期，这时，孩子会频繁地说"不、不要"，连刷牙、洗澡这样的日常事项都要拖拖拉拉、我行我素。3 岁入园之后，吐口水、打人等不当的社交行为也"屡教不改"，即将幼升小的时候，依然贪玩、无法沉下心来学习……父母往往被孩子搞得筋疲力尽，当讲道理没有用又必须对孩子进行规训和管教时，父母往往控制不住自己的情绪，用吼叫、攻击等暴力的方式来责罚孩子，比如把哭闹的孩子关在门外，甚至打骂孩子。在我的咨询实践中，我注意到，经常遭受这种对待的孩子容易变得害羞和羞愧，怀疑自己的能力。在他们进入幼儿园和学校后，这种心理状态可能会使其对学业和学校生活产生焦虑感。

一位二胎妈妈曾经忧心忡忡地问我"把孩子关在门外"的做法是否妥当，她说："最近老大上大班了，再加上有老二，孩子爸爸也经常加班，老大最近特别贪玩，感觉有点儿叛逆了，昨天一直玩玩具、不去学习，我就把他关在楼道让他反省，我其实一直在门后面，他一直在哭，我其实很心疼，但我真的没办法，这种适当的惩罚可取吗？会对孩子造成什么影响吗？"

我可以理解这位妈妈的无助和焦虑，当"亲子节奏"不一致，我们需要孩子放下玩具去学习，孩子却迟迟不去的时候，我们难免抓狂、着急上火。但把孩子"关在门外"的方式不可取，这不是适当的惩罚，而是父母要极力避免的一种行为。

对于0~10岁的孩子来说，被推出家门，是活脱脱的"被抛弃"的体验。有些父母会说："我没有抛弃孩子，我肯定会让他回来的。"但这是大人的思维，孩子对于"被抛弃"的体验是真实、深刻甚至影响久远的。

学龄前儿童的思维以动作思维和形象思维为主，即靠实际动作和具体形象来认知世界。这就意味着，**对于学龄前儿童来**

说，"家门"是实实在在的、具体的界限，是家和社会的界限，是私密空间和公共空间的界限。

界限这个词很抽象，但孩子是可以理解的，因为他们是靠"具体的门"来理解"界限"的。当父母把孩子推出家门，紧锁房门，任孩子大声哭喊、用力砸门，父母仍置之不理或持续责骂的时候，孩子会体验到前所未有的撕裂感、恐惧感甚至濒死感。即使父母最终会把门打开，即使这种方式能够起到让孩子害怕进而改正错误的效果，但这种"快准狠"的方式对孩子内心造成的创伤是非常大的。

深层次恐惧对儿童心智健康发展的影响

0～10 岁的孩子有两个典型的深层次恐惧。**第一，被抛弃感**。它不是指在事实上被父母弃养，而是指孩子在情感上体验过强烈的被嫌弃、被分离的恐惧。比如，父母经常威胁和恐吓孩子说："你再这样我就不要你了！"甚至为了训诫而真的实施了丢下孩子独自离开、把孩子推出家门、让孩子一个人留在家里等惩罚方式。这些童年的不良经历越多，孩子内心积累的分离创伤和死亡焦虑就越多，成年后修复安全感匮乏的难度也越大。

"被抛弃感"对孩子身心健康的隐性影响是降低孩子的自尊水平。经历过类似"被抛弃"体验的孩子会认为"是我自找的，都怪我""服从权威和道理就可以了，它们比我重要一万倍"。相比怪罪代表着权威的父母，0～10 岁的孩子更容易产生自责心理，因为 0～10 岁的孩子完全依赖父母的养育，他们的自我意识、自我边界、价值观尚不健全，同时由于"吸收性心智"的存在，0～10 岁的孩子最容易认同父母的价值观和行为方式。因此，孩子远比我们想象的更容易自责，他们的自尊、自信很容易变得不堪一击。为了迎合父母的"铁拳要求"，孩子在恐惧的驱使下不再忠于自己的感受、不再独立思考，而是带着自我疑虑、羞耻感和焦虑感去顺从父母的要求。有些孩子会在学龄期用学业上的失败来挫败父母，或在青春期爆发激烈的亲子冲突，试图寻找自我、成为自我。

第二，被虐待的恐惧。 包括躯体上的和精神上的，尤其是躯体上的虐待，孩子在感知上更直接。打头、打屁股、拖拽、推倒、打脸等所有碰触孩子身体的"虐待"，都会让孩子产生很深的恐惧和愤怒。因为孩子身材矮小、力量微弱，和大人相比，他们像蚂蚁一样无力，被打时，孩子会感受到强烈的失控感，被"巨人"玩弄于股掌的无助感、绝望感，这会对孩子的人格和心理健康造成巨大的负面影响，很多有过被殴打经历的孩子内心深处体验到的自卑感、无能感也许一生都很难被修复。

曾经有一位育儿博主因她 6 岁的二女儿未完成学习任务，将其单独留在家里作为惩罚，并庆幸自己的"心狠手辣"，因为她有 3 个孩子，这次对二女儿的惩罚起到了"以儆效尤"的震慑作用。这件事引起了很多网友的讨论，除了涉及未成年人独自在家的安全问题，很多父母总感到这样的惩罚方式是有问题的。

首先，这位博主妈妈在全家出游前，以开"家庭会议"的方式对 3 个孩子提出了要求，即孩子们必须在出游前完成相应的学习任务，否则就留在家里。这看似是一种让孩子自己承担结果的教育，但其实是父母在"耍手段"罢了。家庭会议不是用来提要求的，6 岁的孩子可没能力和大人协商"留在家"这个结果合不合理。这不是欺负小孩吗？如果你用同样的方式对待一个青春期的孩子，那可能没什么问题，原因有二。一是他的自我照顾水平足够了，不会那么恐惧无助；二是青春期孩子的思辨能力更强，他甚至可能很有力量地反击说："我自己在家也很好啊，不需要任何人陪，你能拿我怎么样呢？"所以，一开始这位博主妈妈的要求和惩罚结果对一个 6 岁的孩子而言就不合理。但恰恰因为这一惩罚结果是"致命的"，妈妈才会觉得胸有成竹吧，这不正是父母在教育过程中可能需要反思的一种方式吗？

其次，这种惩罚更像是"赤裸裸的镇压和制服"，立竿见影的"一朝被蛇咬，十年怕井绳"。因为"我想治你，你还跑得了吗？你才 6 岁，我知道怎么能让你恐惧"。恐惧是根治孩子一切疑难杂症的"良药"，它的有效成分还有：被抛弃感、被孤立感、内疚、自责，悔恨不已但不敢恨父母，不再进行自我思考。连愤怒都被压抑下去了。在三子女家庭中，排行老二的孩子本身就容易被忽略，再被这么大阵仗"收拾"了一顿，铁定被"招安"了，变乖了。再用"家庭会议"这一公平公正的样子包装一下，利用一下 6 岁孩子对事物的认知"非黑即白"的思维发展特点，很容易让孩子认为自己被留在家里完全是"自作自受"。

最后，孩子真的从这次被惩罚的经历中吸取了教训吗？这不是教训，这是"母训"。单纯看"说到做到""让孩子自己承担后果""孩子会从每一次经历中吸取教训"等这些"教科书上的道理"是没有错的，但人一用，就可能用错。这个要求是父母提的，后果是父母定的，且这并非自然结果，而是逻辑结果。单独留在家里这个"教训"更是碾压了6岁孩子的思辨力，父母却能自圆其说，这不是"滥用职权"吗？所以错的不是道理，抽象的道理永远不会错，但人在使用时容易出错。

从心理学角度来说，这类披着"教育"外衣的"母训手段"对儿童心智产生的显性影响是孩子会逐渐形成一系列绝对化的信念。比如：只有完成学习任务，才能玩；必须听父母的，一定要达到某种要求，否则就要"被抛弃"，即使下次不会被单独留在家里，也一定会有同等或更强量级的痛苦和恐惧等着我。这些绝对化的信念一旦形成，短期内可能会让孩子的行动效率增加，但长期来看，这些信念可能引发思维僵化、负面情绪甚至偏执型人格。比如，孩子会认为"人一定要坚持不懈，选择了就要坚持下去，不能放弃，要有坚韧不拔的精神"，这样抽象的概念、绝对化的道理看似正确，但其实放在人生的不同阶段、不同情境里并不总是正确的。

之前有一次，我给父母上完课后，几位妈妈围着我咨询孩子的教育问题。其中一位妈妈的女儿不愿意继续学钢琴了，这位妈妈很生气地向我表达她的观点："我不同意她放弃学琴，既然选择了就应该坚持下去，不能轻言放弃！"周围的家长当时似乎被这句话所传递的"正气"给震慑了，面对这句耳熟能详的道理若有所思，有几个妈妈点头，有几个妈妈不置可否、表情凝重，空气里散发着困顿、迷茫、为难……然后，我问道："所以，如果你的女儿长大后交往了品行不端的男朋友，既然选择了，她就应该坚持下去，不能轻言放弃？"这位妈妈马上说："那肯定不行！"当时在场的所有妈妈哗然一片，笑着感叹："哦，那不行！要看什么事情！"就是嘛！人之所以是人，不是机器，就因为他的灵活性。具体问题具体分析是特别宝贵的哲学思维，我们要避免把自己和孩子的思维禁锢在绝对化的、抽象的概念里，而要针对不同的人，在不同的处境下，具体分析和应对。

从上述案例可以看到，"心狠手辣"训练出来的孩子，很容易获得世俗定义的外在"成功"。美国学者 M.H. 弗里德曼（M.H. Friedman）等人在研究心脏病时，把人的性格分为两类：A 型和 B 型。A 型人格者较具进取心、侵略性、自信心、成就感，并且容易紧张。A 型人格者总愿意从事高强度的竞争活动，不断驱动自己在最短的时间里做最多的事，并对阻碍自己努力的其他人或其他事进行攻击。B 型人格者则较松散、与世无争，对任何事皆处之泰然。A 型人格者追求完美，但非常脆弱，他们容易孤注一掷，一旦受挫，往往更难以接受，进而引发一系列的心理问题。这个故事中的育儿博主的孩子，后面也确实在学龄期产生了厌学情绪，以至于退学了。我相信，这是我们都不希望看到的情况。

另外，有研究表明，如果被抛弃的感受持久而深刻，那么儿童在长大成人后也可能时常产生对生活和他人的不安全感、不确定感，更倾向于在与人交往的过程中形成讨好或强迫性控制的行为模式，也会在面临挫折和压力的情况下增加罹患心理疾病的风险。

管理好情绪才能培养出优秀的孩子

与父母教养方式相关的两种情绪

随着孩子的逐渐成熟和后天环境的作用，儿童的情绪开始分化，就像细胞分裂一样，每种情绪会有相应的分支，比如快乐会分化成愉快、惊喜、兴奋、骄傲等。也会产生新的情绪类型，如嫉妒、内疚、害羞等，这些被称为复杂情绪。复杂情绪要等到孩子出现自我意识后才逐渐形成，一般在孩子 1 岁半到 2 岁时形成。其中，自我意识情绪和评价性自我意识情绪与父母教养方式息息相关。

自我意识情绪（self-conscious emotion）是指跟孩子的自我意识有关的情绪。这类情绪表明孩子意识到了自己和别人是不一样的。比如：有些孩子在镜子里或照片里认出自己时，会感到尴尬；有些孩子在被很多人关注的时候，会感到害羞；女孩穿公主裙觉得自己很美时表现出得意；男孩护着玩具不分享、推开别人时表现出的敌意，等等。

评价性自我意识情绪，如嫉妒、羞愧、内疚、骄傲等，最早要到 2 岁半左右才开始出现，这些情绪表明儿童开始掌握并能够运用家庭标准和社会规范来评价自己的行为。**父母的言行所传递的家庭价值观，以及对孩子的评价，直接影响着孩子对自己的认知和评价，父母的情绪失控更会对孩子的自尊、自信产生深远的影响。**

父母情绪失控对孩子自信心的影响

孩子的自信心来源于两个问题：

第一个问题："我是可爱的吗？我能让父母高兴吗？"

第二个问题："我是有价值的吗？我能让父母满意吗？"

这两个简单而深刻的问题潜藏在每个孩子的内心。如果这两个问题得到了肯定的回答，那么在他们的成长过程中，特别是通过父母的反馈，孩子们会感受到自己是被爱的，是有价值的。这种认识使他们学会喜爱和肯定自己，从而提高自尊水平。同时，孩子们会意识到自己有能力完成许多事情，能够管理自己的日常生活。这种积极体验一次又一次地从实际活动中获得，父母的正面评价则进一步强化了这种体验，最终这些积极的自我感觉转变为一种信念："我是可爱的，我是有价值的。"正是这样，儿童的自信心得以建立。

但儿童并不是完美无瑕的，他们的自信心还不够稳定。他们面临着各种各样的命题，需要不断成长。就像卡洛·科洛迪（Carlo Collodi）所写的享誉全球的经典童话《木偶奇遇记》里的匹诺曹那样，儿童的自然天性中往往存在很多"不足"，尤其当儿童开始进入社会、融入集体、需要完成某项任务时，贪玩会演变为懒惰，撒谎会演变为缺乏责任心，发脾气会演变为社会适应不良……原本无所谓好坏、可以被理解的天性和偶尔的行为，一旦缺乏正确的引导，就很难克服和修正。所以，成人对儿童后天的教育和引导方式非常重要。不良的引导方式不仅会让父母感到精疲力竭、收效甚微、心灰意冷，更会让孩子丧失信心，失去成长的兴趣和动力，缺乏面对问题、解决问题的勇气。

父母及重要养育者对儿童的评价及养育方式直接影响着儿

童对自我的评价和自尊水平。因为父母对于儿童来说是近乎"神"一样的存在，在儿童看来，父母无所不知、无所不能，儿童全然地信赖着父母、仰仗着父母，包括父母情绪失控时对儿童说的话、对儿童的打骂行为，儿童都会相信。看着父母紧锁眉头、凶神恶煞的表情，他们会相信自己真的是让人讨厌的，听到父母声嘶力竭地吼叫、毫不留情地批评，他们会相信自己就是父母所说的那样"胆小""调皮""傻""懒""管不住自己"，感受过切肤的疼痛、体会过如蚂蚁一般的失控感和无能感，他们的内心被悲伤和恐惧的潮水淹没，留下指向自我贬低和自我怪罪的伤痕："我真的很差劲，我不可能做到，我改不了……"

如果父母平时对儿童的陪伴不多，肯定和欣赏也不多，在孩子的自尊水平和良好的自我感觉都比较匮乏的情况下，父母经常性的情绪化言行，对儿童的严厉批评、指责，表达对儿童失望的话语，甚至对儿童的惩罚和打骂等过激的行为，都会严重危及儿童的自尊心。"你怎么又把裤子弄脏了？你这个孩子就是不让人省心！""你答应过看 5 分钟就关电视的，这样就是一个说话不算数的孩子！""如果再不收拾玩具，我就不理你了，没人喜欢邋里邋遢的孩子！"如果父母习惯性地上纲上线，在人格、身份层面上否定、威胁孩子，那这对 6 岁之前的孩子无异于一种"诅咒"。

对于那些不缺乏父母陪伴、自尊水平比较高的孩子，当父母由于情绪失控而贬低孩子、攻击孩子时，他们会感到愤怒，不承认错误，与父母顶嘴。他们的注意力聚焦在如何自我防御，却无法冷静客观地反思自己的行为，也无法从冲突中学习，提升解决问题的技能。如果多次遭到父母在情绪失控之下对自身的否定和攻击，哪怕原先自尊水平良好的孩子也会产生自我怀疑，逐渐形成负面的自我意象、消极的思维方式。自尊水平较低、缺乏自信的孩子，在面对漫长人生中的成长命题和现实困境时，也更容易逃避失败，而不是追求成功。更可怕的是，消极的"自证预言"就像一个恶魔，让孩子在漫长的人生旅途中总是把困难吸引来，把对失败的预感变成失败的现实。

自证预言（self-fulfilling prophecy）是由美国社会学家罗伯特·K.默顿（Robert K. Merton）提出的一种社会心理学现象："一个对情境的虚假的定义引起了一种新的行为，而这种行为让最初虚假的猜想成真了。"自证预言可以理解为人的内在信念（belief）影响了人对事物将如何发展的期待（expectation），这种期待又会影响人们如何行动（behavior），人的行动则直接影响事物进展的结果（result），这种结果又强化了人们最初的内在信念。就像朗达·拜恩（Rhonda Byrne）的全球畅销书《秘密》（*The Secret*）所描述的"吸引力法则"（the law of attraction）那样，如果你对自己缺乏信心，对任务抱有消极的期望，那么你可能会付出更少的努力，在逆境中放弃，因为对失败的想象使你无法集中注意力，并在执行任务时处于焦虑、不利于有效表现的消极情绪状态里，进而导致不尽如人意的结果，糟糕的结果又反过来强化了消极的自证预言——"我真的不行"。与之相反，如果你相信自己会做得很好，你可能会付出更多努力，更好地从逆境中恢复过来，更好地专注于手头的任务，制订目标和计划，不断行动并在执行时更加放松。你致力于让成功发生，那么最终好的结果也往往被呈现出来，好的结果又强化了积极的自证预言——"我可以"。

有研究证实，消极的自证预言可能比积极的自证预言更有影响力。这是因为人们通常认为负面信息比正面信息更具价值。为了避免出现"期望越高，失望越深"的情况，人们往往会提前做出悲观的预测。例如，如果你预料到自己在某项比赛中不会获奖，那么在面对结果时就不会感到太难过。消极的自证预言就像被隐藏在水下的那部分冰山，是根基却不易被察觉。缺乏信心会使孩子表现出低自尊、自我意识薄弱、自我边界不清、缺乏自主性和主动性等特征。一个孩子对自我的认知、感受和信念，就像一座大楼的地基，对孩子的发展起着"根基性"的作用，是孩子"成长大厦"的动力源泉。

当孩子的自尊水平不足、缺乏自信时，可能会引发一系列问题，包括适应困难、情绪波动、行为异常、社交挑战以及学习上的障碍等，这些都会让父母和老师感到焦虑和担忧。

正确对待与处理孩子出现的负面问题

每年9月孩子入托入园的时候，我会收到很多关于学校适应类的咨询，比如孩子有比较严重的分离焦虑、哭闹着拒绝去幼儿园等情况。很多家长都在幼儿园门口痛彻心扉地体验着孩子被老师硬生生抱走，自己被要求立即离开幼儿园的不安和焦灼。

在我深入咨询和帮助过的家庭中，3岁的琪琪属于分离焦虑比较严重的孩子，除了哭闹、抱着家长不撒手等常见表现之外，她还会出现哭到呕吐等生理反应，甚至出现不吃不喝、精神萎靡、持续发烧等创伤性表现。被老师抱走、离开妈妈怀抱的那一刻，仿佛胎儿被剪断了"脐带"一般令她窒息。这种窒息感明显被琪琪夸大了，幼儿园的可怕是孩子想象出来的吗？不，是孩子曾经体验过这种窒息感。

在我与琪琪妈妈的深度咨询中发现，因为琪琪从小性格内向、胆小怕生、特别爱哭闹，琪琪的爸爸妈妈经常在琪琪胆小又执拗的时候发火生气。琪琪妈妈说："她一直拒绝打针、抽血，你好话说尽，看着她在医院哭闹一个小时的时候，真的控制不住情绪，大吼大叫也没用，最后只能用'把她扔下，假装我们回家了'的方式来吓唬她，或者用力按住胳膊，强制执行。"可想而知，琪琪当时有多么恐惧和无助。

琪琪父母采取的"以毒攻毒"的方法，本是希望她对打针这件事脱敏，但几次尝试之后，他们发现琪琪不仅害怕打针，还开始害怕见陌生人，和小朋友玩的时候也表现得更加怯懦，不敢自己滑滑梯，一旦有小朋友要滑，她就立马谦让，像是害怕被别人挤下来似的，竭力避免与别人有肢体接触。琪琪自己解释说："因为我胆小，我害怕。"每当看到孩子委屈大哭、伤心害怕，甚至在被惩罚之后表现出自卑、怯懦以及迎合讨好父母和他人的时候，琪琪妈妈都感到很心酸，经常懊悔和自责，但不知道该怎么办，她没想到这会给孩子的心理造成这么大的阴影。

父母的暴躁无助可以理解，但如若管理不好自己的情绪，对孩子实施一些过激的暴力甚至恐怖的行为，会让孩子产生久久无法平复的"窒息感"。强烈而多次的"窒息感"伴随着失控感和哀伤体验，会凝聚成一种"创伤性体验"，为孩子日后的学校适应、人格独立、心理健康的发展埋下隐患。比如，有父亲因为 2 岁的女儿不听话，拎着孩子的双腿、头朝下倒挂悬浮于高层的窗外，以此来威慑和惩罚孩子，可想而知 2 岁的孩子会多么恐惧，这种失去理智的惩罚行为所带来的体验很可能伴随孩子一生。

还有一些孩子在入托入园的时候没有表现出特别的抗拒，哭了几天就好了，但一两个月、一学期之后会出现不愿意去幼儿园的情况。比较常见的原因有"怕老师"、对批评"过敏"、害怕冲突。跌跌撞撞地度过幼儿园阶段之后，有些孩子进入小学、初中开始不遵守规则、习惯性挑战权威、与权威关系紧张；有些孩子存在同伴关系不良的情况，容易讨好他人，受委屈、被欺负，或常常有敌意、容易被激惹，社会交往技能不足等。学龄期的这些问题如果没有得到正确的引导和化解，将影响孩子成年后的人际交往、工作表现，甚至家庭、亲密关系的发展。

小宇的父母因为小宇拒绝去幼儿园来找我咨询，深入了解之后，我发现小宇对老师的恐惧是确实存在的，但老师只是表情严肃、声音洪亮地批评过他："吃饭太慢了，快点儿吃，不然阿姨要把饭收走了！"小宇就会马上哭起来，不再吃饭，要求回家，一直到老师给妈妈打电话，把他接回家才结束哭闹。午睡时，小宇睡不着，老师催促小宇："闭上眼睛，不要说话！"声音斩钉截铁，小宇又害怕又委屈，一直沉浸在焦虑情绪中无法自拔。只要看到老师生气他就会害怕，甚至看到曾经一起玩的小朋友生气，他也会害怕。他会马上把玩具让给别的小朋友玩，哪怕是他先拿到的玩具，哪怕这个玩具是公共物品，他也绝不会在被抢了玩具之后试图把它抢回来，而是一个人呆站在那里，低头哭泣，不再继续玩耍，直到老师又给妈妈打电话，把他接回家。

很显然，小宇对老师的情绪很敏感，但为什么老师只是批评他的行为，他却哭到要离开呢？与小宇父母深入访谈后，我发现小宇对他人情绪感同身受的能力太强了，他的种种表现是情绪共情能力很强、认知共情能力发展不足导致的。

人的大脑中其实有简和繁两套共情系统，分别负责处理不同的共情场景。

一套较简单的系统是情绪模仿系统（emotional contagion system），即与他人产生相似的情感体验（"I feel what you feel"），在观察到别人的动作、面部表情、语言时，我们的镜像神经元会活跃起来，在大脑中模仿对方的表情，并因此给自己创造相同的情感体验，俗称"被对方的情绪感染"。这种人们熟悉的共情也叫"情绪共情"，即感同身受的能力。镜像神经元活跃程度越高的人通常情绪共情能力也越强。"镜像神经元"所处的"下层大脑"也叫情绪脑、冲动脑、动物脑，是产生情绪的地方，是人天生就具备的，从婴儿时期开始发展。

据小宇的父母回忆，小宇确实从小就对别人的情绪很敏感，感同身受的能力很强。小时候排队打预防针，看到别的孩子被针刺、大哭的画面，还没打针的小宇就开始哭了；看动画片里的主人公被"坏人"抓起来时，小宇也会很害怕，吵着不要看了，关掉之后也依然垂头丧气。作为小宇最亲近的人，当父母表情严肃、愁眉苦脸、大吼大叫，甚至愤怒地打骂他时，小宇大脑中的镜像神经元会异常活跃，这些生气的表情、语气会让他感到紧张、害怕、伤心和痛苦。更要命的是，他会认为："爸爸妈妈这么生气，这么不高兴，都是因为我！""是我让他们不高兴，是他们不喜欢我，不爱我了。"

很多孩子都会和小宇一样，把父母的生气暴怒，看作对他整个人的否定。他们的安全感和自尊心很容易破碎。他们会把"爸妈高兴"等同于"爸妈爱我"，把"爸妈不高兴"等同于"爸妈不爱我了"。他们自动生成了这样一条内在逻辑链条：妈妈不高兴了，妈妈很生气，妈妈批评我，我不好，妈妈不爱我了……他们分不清，父母是因为自己说的话不高兴，还是因为自己的行为不高兴。他们只会觉得："是我，我又让我妈不高兴了！"这也是孩子产生羞愧、愧疚和自责自罪心理的前奏。

如此一来就不难理解，为什么小宇会对幼儿园老师的批评"过敏"。面对幼儿园这个全新的环境，老师代表着绝对权威，但在尚未与老师建立起稳定的信任感之前，老师严肃的表情、严厉批评自己的声音唤起了小宇的羞愧和害怕，他沉浸在难过的心情里，情绪持续低落，认为老师不喜欢自己，想要逃离。

因此，我建议小宇的父母在批评小宇的时候一定要把"人"和"言行"分开处理。要告诉孩子："我不喜欢你这个行为，听到你这句话我会很生气，希望你以后不要这么说，不要这么做，你可以……"同时根据孩子的理解能力，告诉他："你不等于你的行为，爸爸妈妈永远爱你，但你的有些行为是可以改善的。"这样几次之后，即使小宇听到批评的时候还是不太高兴，但已经不会危及他的安全感，他的自尊心也不会因为父母发脾气而受到打击了。因此，管教孩子的言行又不损伤他们的自尊心的做法是，不要把孩子的言行不当上升到整个人的层面，避免以偏概全和人身攻击，仅仅针对孩子的言行进行教育。因为孩子不等于他的言行，孩子的言行是可以改善的，是随着时间在发展的、随着环境而调整的。

同时，由于儿童的"认知共情"能力还不足，无法对父母和老师为什么生气进行复杂的认知推断，也就不具备"换位思考"的能力，只有强烈的"感同身受"的能力。换位思考系统（perspective-taking system）是人们大脑中另一套更高级的系统。所谓的"换位思考"（perspective-taking）指的就是你能从他人的角度出发去想问题，站在别人的立场上理解他们现在的情绪、举动。换位思考不仅是"我能感觉到你的感受"，而是"我理解你的感受"，这比单纯的情绪共情又向前走了一步。这个系统主要被大脑中的前额叶皮质（prefrontal cortex）控制，前额叶属于上层大脑（也叫认知大脑）。前额叶皮质负责高级认知功能，其中就包括情绪调节和自我控制，因此也被称作"理智脑"，又因其处在大脑的前部、额头的后方而被称作"上层大脑"。

情绪脑在孩子出生时就已经十分发达，而理智脑要到 25 岁才发育完全（发育完全是指在生理构造上趋于成熟，但一个人的理智程度是因人而异的，年龄是一个必要的生理基础），这也是为何孩子很难控制自己的情绪，因为他们的理智脑还没有发育好，类似于仍在施工的房子。同样地，有些父母较难控制自己的情绪和言行，也说明他们的理智脑需要更多有意识的训练。

　　同时，随着孩子逐渐长大，到了幼儿园大班、幼升小阶段、小学阶段之后，父母会下意识地认为孩子不再是小宝宝了，他们理应更懂事了，甚至有些父母会把孩子当作成人一样对待，不再花精力去研究如何引导孩子，也不再像婴幼儿阶段那么包容和宽恕孩子的错误，而是认为讲解过道理之后，孩子就理应如父母所期待的那样行为得体、性格良好、品德高尚。但实际上，孩子就是孩子，每个年龄阶段的孩子都有他们的局限，都会有让父母大失所望的时候，如果父母没有做好"随时会失望"的准备，那迎接父母的自然是因失望而产生的怪罪和暴怒。

　　欣欣妈妈是我见过的最"尊重孩子"的妈妈之一，婴幼儿时期的欣欣被充分地关爱和照顾，她的哭闹和无理要求也能被妈妈温柔而巧妙地化解，欣欣妈妈对欣欣的理解、包容和接纳符合教科书中所描述的"好妈妈"的一切特征。欣欣也自然成长得很健康，自我意识很强，是一个很活泼、有主见的女孩。直到欣欣进入幼儿园，老师一直和妈妈反馈欣欣的规则意识和自控力不足，自我中心，漠视权威。每次老师"告状"，欣欣妈妈都能听出老师对自己的"平等教育方式"颇有微词，甚至老师认为欣欣"不怕老师""屡教不改"与妈妈缺乏权威的教养方式有关。被老师批评和否定的压力与羞愧感终于在欣欣幼升小阶段爆发，欣欣妈妈发现面对需要投入专注力才能完成的学习任务时，欣欣总是心浮气躁、难以维持努力。这种"种瓜得豆"的失望感、挫败感，让欣欣妈妈开始怀疑自己过去对欣欣的教养方式是否正确，她开始在欣欣犯错时大吼大叫，用戒尺打欣欣，甚至说出了"你不配做我的女儿！"这样伤害欣欣的话。

欣欣感受到了前所未有的冲击，撕心裂肺地痛哭，捂着胸口抽泣着说自己要呕吐了。她没有想到妈妈会真的动手打她，她倔强地昂着头不认错，桀骜不驯地顶嘴。可没想到妈妈反而加大了火力，戒尺打在欣欣的腿上，妈妈也颤抖着大哭说："就是因为之前对你太好了，你才这么目中无人，知错不改，错上加错！"打骂震慑住了欣欣，但也造成了母女之间的裂痕，欣欣妈妈自知维系得近乎完美的亲子关系开始有了污点，在之后的几次情绪失控时，她没有去拿戒尺，但她拍打桌子的手掌一片淤紫……

欣欣对妈妈的信任从 100% 跌倒了谷底，她开始情绪低落，不安和羞耻感让她对父母、家人、老师和朋友充满了敌意，她开始易怒，甚至打人，对姥姥姥爷经常大吼大叫，很容易因为小事而不耐烦，开始自我怀疑。进入小学之后，欣欣在行为规范方面适应得还好，但在学业方面表现出被动、内驱力不足等情况。她对学习内容缺乏自己的思考，依赖妈妈的催促和陪伴，缺乏自主性和主动性，尤其当妈妈耐心用尽，又对她发过脾气之后，她会出现严重的考前焦虑，在学习时粗心失误、难以集中注意力。更让人担忧的是，她多次跟妈妈说："我不行，我就是懒惰的、专注力不好的、缺乏自控力的小孩。"**消极自证预言开始成为可怕的信念。**

在我自己教育孩子的过程中，也体会过"种瓜得豆"的挫败感和愤怒，所以我非常理解欣欣妈妈。其实，父母有责任管教孩子，如果孩子承认错误，大多数父母的怒火会随之消减：我的孩子和我的认知一样，他承诺下次不这样，那我便放心了。可如果孩子顶嘴、态度蛮横，父母有可能选择更加猛烈的批评和情绪上的施虐，甚至为了让孩子意识到自己错了，会开始进行人身攻击，启动"侮辱"模式，对行为的结果进行灾难化演绎，直到孩子感到"痛"和"羞耻"。

因此，情绪失控其实是有功能的，攻击和侵犯的背后逻辑是：让你痛苦，你才能重视。你若不痛不痒的，怎么能改正错误呢？我们通常很难做到对事不对人，批评孩子的言行时顺带把人也羞辱了，这才是问题。

这么做的代价是，因为错误和失败而受到权威斥责的"羞耻感"，给了孩子巨大的消极暗示，会分散孩子对任务的关注，孩子无法聚焦在怎么做才能更好，也没有信心和力量去坚持做得更好。他们一方面对父母产生愤怒和敌意，用不配合、重蹈覆辙来报复父母，或者把暴力和攻击传递给比他们弱小的人和事物；另一方面，他们也会一直担心自己再犯同样的错误，"你看看你怎么这么差劲？你真的是屡教不改！"的审判声会盘旋在他们的大脑中，甚至成为每次失败时，自己对自己说的话，进而表现出挫折抵抗力差、脾气暴躁等特点。比如遇到学业困难容易气急败坏、乱发脾气等。

不要羞辱孩子，而要尽可能保持理性地纠正他；不要得理不饶人，要时刻觉察自己是否在"欺负"小孩；不要以偏概全、无限扩大，要就事论事、点到为止。孩子只会吸收带有尊重的纠正。

在我与欣欣妈妈的深入访谈和咨询后，我逐渐帮助她意识到家庭与社会对欣欣的期待是不同的，家人与欣欣之间更多的是平等关系，欣欣作为独生女，得到了全家人的一致宠爱，当孩子感受到"全家人都围着我转，我的地位很高"时，予取予求的感觉会让孩子自我膨胀，很难看到别人，理解他人。在面对需要坚持和努力的任务时，欣欣仍然是一个孩子。尽管她在6 岁之前得到了充分的关爱和培养，她仍然需要面对新的成长挑战。因此，她的妈妈应该摒弃"种瓜得瓜"的期待，因为在孩子 0～6 岁时种下的"瓜"，可能并不适用于 6～12 岁这个阶段孩子的成长需求。

没有一劳永逸的家庭教育，父母要做的是随时做好准备接受失望，因为每个阶段都有不同的"瓜"需要重新播种和培育。欣欣妈妈在理解这一点后，愤怒显著减少。她开始重新认知欣欣，尊重欣欣的客观表现，将欣欣的新问题视为自己的"探究题"，对欣欣的成长充满好奇。她不再抱着"等待收成"的心态，而是采取"再次培育"的态度，这样自然减少了"理应怎样却没有怎样"的抱怨和怪罪，而增加了气定神闲的接纳以及理智又不失权威的引导。

建立积极自证预言来管理自己的情绪

在我过往的职业生涯中，接触过一些擅长帮助孩子建立积极自证预言的父母。他们会不断地向孩子发射"积极的信号"，相信孩子一定会向好的方向发展。在孩子犯错、失败时，这些父母也会失望，也会焦虑，但他们认为孩子只是暂时达不到父母和老师的期待，他们会结合孩子的实际情况来调整自己的期待，接纳孩子，同时保持韧性，继续对未来抱有积极的期待和追求。

他们并不是完美的父母，而是带着觉知去养育孩子的父母。当他们意识到自己对孩子的努力和已经取得的成就视而不见，只专注于孩子"不够好"的方面并过度批评时，他们会迅速调整态度，及时止损，将对孩子消极的关注转变为积极的关注，将批评、不满和指责转化为建议、相对满意和理智的引导。

让我印象深刻的是一位小学霸的爸爸，他坚定不移地、发自内心地相信，自己的孩子就是爱学习的。他曾在我的课堂上对几位满脸愁云的妈妈说："我的孩子并不是最聪明的，也有懒惰拖拉的时候，但我们要把'逼孩子学习'变成'坚信自己的孩子就是爱学习！'然后，我们要一起讨论的是学习内容和学习方法，让孩子把注意力集中在如何做对每一道题上，让他自信！"

其实，这位爸爸的儿子因为活泼好动、自控力发展不足，从幼儿园开始就经常被老师告状，比如在幼儿园中班时，孩子有推人、向小朋友吐口水等行为。这位爸爸每次都会积极配合老师，回家教育孩子。但如果这位爸爸配合教育后还不见好转，老师就会有些质疑："你是否对孩子太过乐观了？怎么教育了这么多次还不见效果啊？"相信很多家长听到老师这番话都要坐不住了，焦虑、自责、挫败感油然而生，但这位爸爸告诉我们，他当时第一反应是有点儿诧异，他回复老师说："那就继续教育啊！"因为他相信自己的孩子不是"坏"，更不是一个"有攻击性的孩子"，而是一个正在用"不良行为"获取关注的孩子，更是一个正在学习理解规则、遵守规则，社会性仍有待发展的孩子。

在这种科学视角和积极心态的加持下，我随后分享给这位爸爸的针对儿童不良行为训练的方法也很快奏效了。比如，我建议他给孩子准备一个"超级英雄本"，针对"推人、吐口水"等行为，每天有意识地给孩子积极的反馈，具体地肯定孩子，真诚地夸赞孩子，为孩子的点滴努力和进步感到高兴。3 周之后，孩子推人、吐口水的行为完全消失了，直到这个孩子大班的时候，老师反馈孩子变成了班级里的"超级英雄"，不仅思维敏捷、爱学习，而且行为友善，人缘超级好，老师对这个孩子刮目相看，给他颁发了"进步奖状"。这位爸爸的育儿理念和对孩子抱有的积极信念打动了老师。

都说优秀是一种习惯，也许很多优秀的孩子都是在父母的积极关注下成长起来的，是被培育出来的，而不是被逼出来的。节制自己的情绪化的言行，不对孩子恶言相向，不试图通过情绪失控、暴怒责罚来管教孩子，而是一直抱持着对孩子的积极信念，并通过身体力行的鼓励、切实的支持，引领着孩子不断前进——这也许是培养优秀孩子的奥秘所在。

作为班级管理者，老师肯定希望成人对孩子的教育效果是立竿见影的，如果家长也着急上火地耐受不了孩子自己的学习节奏，那就很容易把"羞耻感和挫败感"传递给孩子。大量的羞耻感和挫败感一旦产生，就可能阻碍孩子专注学习社交规则、行为自控，因为一个焦虑不安的大脑积压了太多羞愧、愤怒的感觉，会发出错误的或过激的防御信号，这正是心理压力和情绪问题对学习产生的巨大负面影响。

孩子做不好的时候，才是检验一个家长温度的时候。你可以降低你的温度，但不要冻住孩子的心，那样就没有"血液和营养"供向大脑了。学习是苦的，孩子的心至少要是温的。

就像电影《你好，李焕英》里，贾玲扮演的女儿从小就有这样的疑虑："我当你一回女儿，连让你高兴一次都没做到。""如果我妈当年不生我，会比现在过得幸福吧？"这两句台词直戳人心，很多父母看了这部电影后告诉我，他们会想起自己曾经被父母批评的时候、考试没考好的时候，甚至因日常琐事惹父母生气，他们从小就觉得自己不够好，内心深处埋藏着对父母的愧疚之情。

"我来你高兴吗？"

"我高兴啊！"

"我能让你更高兴。"

孩子是多么希望因为他的存在，父母是高兴的啊！其实，孩子总会下意识地想要去满足父母的期待，"取悦"父母是孩子的天性。有的父母能被一个拥抱取悦，有的父母能被一张奖状取悦，有的父母只有在孩子"有出息""出人头地""功成名就"时才能被取悦。还有的父母，无论如何都无法被取悦。孩子最开始会加倍努力取悦父母，如果他们足够幸运，在自我的优势上努力下去，获得了成功，他们一定会非常期待父母能看到，能和他们共享成功的喜悦，他们会觉得终于满足了父母的期待，也满足了自己对自己的期待。

但有些孩子会发现无论如何努力，父母都难以取悦。父母的要求仿佛越来越高，难以达到。当取悦父母越来越难的时候，那些美好的期待就会伴随着孩子想象中父母嫌弃的眼神、失望的表情，一同被"冷藏"。很多孩子索性不再取悦父母，不再为了自己学习和成长，无知无觉，浑浑噩噩。

通过努力换回的爱往往使人生疑。这种爱往往会让我们痛苦地感到：我之所以被人爱，是因为我使对方快乐，而不是出于对方自己的意愿——归根结底，我是不被人爱的，而是被人需要而已。

希望更多的父母思考这些问题：如何管理好自己的情绪？如何平衡自己对孩子的期待？如何真正跟随孩子的步伐，看见眼前的孩子，而不是用你理想中的孩子去套住现实中这个孩子？当孩子暂时达不到我们的期待时，要及时告诉孩子："没关系，这些都比不过你的健康和快乐。办法总比问题多……"

"原来，妈妈比我想象的更爱我……"

"没有什么比我的健康、快乐更重要。"

希望每个孩子都可以感受到这样真切的被爱、被鼓励。如他所是，如他所愿。

希望每个孩子都从心底里确信：我是可爱的，我是有价值的。

好的家庭关系是孩子成长的关键

美国的两位精神科医生亨利·马西（Henry Massie）和内森·M. 塞恩伯格（Nathan M. Szajnberg）在《情感依附：为何家会影响我的一生》一书中，通过跨时 30 年、有效样本量为 76 个家庭的心理学研究项目，向我们揭示了家庭关系深刻地塑造了孩子的人格。同时，他们发现："孩子不是由父母培养大的，不是父母教给他们如何成长，而是孩子自己从父母那里'捕捉'了成长所需的东西。"

这句话我深感认同，在我十几年的家庭教育从业经历中，我不仅针对某一个家庭成员进行工作，更要对整个家庭系统进行工作。美国心理学家、家庭系统理论奠基人默里·鲍文（Murray Bowen）认为，家庭是一个系统，由父母、子女、祖父母等组成，每个成员都有自己的角色和职责。每个家庭成员所扮演的角色、在家庭中所处的位置、所发挥的功能等系统结构和彼此间的交互关系深深影响着家庭氛围，家庭氛围对孩子的情感、行为和长期发展起到至关重要的作用，而父母的情绪失控是影响家庭氛围的一个核心要素。

父母在情绪失控时，不仅会对孩子进行斥责、打骂，还会使成人家庭成员之间的冲突增加，如夫妻之间频繁的吵架、父母和祖父母之间剑拔弩张的关系等。这种紧张、冲突的家庭氛围会使孩子感到不安和紧张，容易出现焦虑、恐惧和抑郁等情绪问题，他们在童年期便会习得非理智的情绪化表达，爱哭、喜欢发脾气、难以集中注意力学习。容易情绪失控的家庭氛围会对孩子的自信心产生长期负面的影响，使他们难以建立起积极的自我形象，他们缺乏不同场合所需的社交技能，进而可能回避人际关系。即使孩子长大成人后，可以选择极力逃避和不断疏远那种充满敌意和戾气的家庭环境，但童年期的家庭氛围对孩子的身心健康、性格发展及社会关系的建立具有深远的影响。

学做会吵架的父母

在我接触的大量案例中，紧张、冲突的家庭关系首先存在于夫妻之间。

琪琪妈妈很担心地向我咨询：4 岁的琪琪目睹了爸爸妈妈吵架，会不会对她造成心理阴影？自从有一次琪琪因为睡觉前在床上翻滚而掉下床，引起父母的激烈争吵之后，琪琪开始在睡前大声哭闹，还用手捶打妈妈。因为当时妈妈已经陪玩很久了，筋疲力尽了，也已经告诫过她不要翻来覆去，要乖乖睡觉，妈妈希望琪琪得到教训，因此没有继续提供保护，而是任由她摔到床下。这一做法激怒了爸爸，爸爸当着琪琪的面严厉指责了妈妈，认为妈妈没有尽到看护的责任，双方因为教养方式不一致而发生了激烈的冲突。

这里就涉及另外一个我常被问到的话题：父母吵架要不要避开孩子？答案是不一定。

真正损害家庭关系的情况

那么，**在什么情况下，父母吵架要避开孩子？**肯定是那些冲突比较大、持续时间比较长、情感激烈程度很高、言行激烈程度很高的时候。如果一个孩子从小就生活在这样毫不避讳的争吵里，甚至每天看着父母恶语相向、大打出手，那孩子肯定是极度痛苦的。长大之后，孩子也极有可能在他自己的亲密关系里重复这种痛苦的体验。另外，对于 0～2 岁的孩子，他们的语言、自我意识和边界的发展都不够充分，无法消化和理解父母吵架中语言的信息，更容易体验到"高分贝""凶恶脸庞"

等感官上的刺激，以及父母表现出的情绪冲击。因此，父母要尽可能避免在 0～2 岁孩子的面前吵架。

但如果父母不可避免地在孩子面前吵架了，也不必过分内疚。因为据我观察，对孩子造成负面影响的不是吵架本身，而是父母无法真正地亲密。有些父母也吵架，但他们通过吵架这种激烈的沟通，反而让孩子学习到了如何应对冲突，家庭氛围并没有受损，孩子的情绪情感也没有因此变得脆弱敏感。

真正损害家庭关系的是那些充满暴力又无用的吵架。比如，夫妻关系不平等，爸爸像领导或审判长一样经常斥责妈妈，妈妈像保姆一样包揽家务却得不到爸爸的尊重，双方的争吵频繁、激烈而无效，经常为了类似的事件反复争吵。这时，孩子不仅会感到焦躁、无助，还会下意识地选择保护妈妈，与爸爸对抗，与权威为敌。有些孩子也可能选择像爸爸一样不尊重妈妈，在妈妈面前更加任性蛮横。

还有一些吵架之所以导致夫妻关系疏远、感情冷漠，是因为夫妻双方自身沟通技能的缺乏，以及他们的情感表达存在障碍。就像前面提到的琪琪爸爸，在深入访谈和咨询之后，我发现他的沟通方式属于"超理智型"。超理智型沟通模式（computing style of communication）是萨提亚家庭治疗理论中的五种沟通模式之一，采取超理智型沟通模式的人在与他人交往时，往往只在意事情合不合逻辑，是不是正确，认为人就应该做正确的事、有用的事。有时他们喜欢使用非常抽象高深的词，但他们往往在无形中转移了沟通话题，模糊了沟通焦点，把具体的事情抽象到了概念、道理、逻辑的层面。与超理智型的人吵架，你总会觉得自己被带偏了，本来是他的错，结果不知为何却变成是你的错了，而且吵着吵着会"节外生枝"，越吵越远，最开始吵架的矛盾点却依旧没有得到有效解决。

琪琪妈妈经常会有这种无力感，她感到琪琪爸爸只关注客观世界是怎样的，却丝毫不关心她的内心发生了什么，习惯性忽略她的情绪变化和内在感受，他们的争吵更多的是"道理VS 道理"的辩论过程，比较少看到"人 VS 人"的情感交流的部分。时间长了，琪琪妈妈也开始压抑自己的感受，放弃表达自己的情绪。琪琪则由一听到父母吵架就害怕、大哭，到日渐感受到如冰窖一般冷酷的家庭氛围，这使她在幼儿园老师和同伴面前表现出害怕冲突、逃避冲突的倾向。一开始她通过跟随和讨好来极力维护关系，后来在遇到同伴冲突时，她往往压抑内心的愤怒，不再进行沟通，认为都是对方的错误。

如果夫妻之间还会吵架，无论是热吵还是冷战，无论是直截了当还是拐弯抹角，都证明夫妻关系还保有一定的"张力"和流动的能量。如果不再真实互动了，那关系质量也就下降了，双方可能渐行渐远了。夫妻之间就像被一条橡皮筋连接着，我在咨询中见过很多不会吵架的父母，越吵越紧绷，多说一句橡皮筋就会断掉。于是，他们不再吵架和碰撞，就各自离老远杵着，心却非常疲累。我也见过很多会吵架的父母，他们可以利用这个张力，敢于拿"真我"撞上对方，彼此撞进去，再拔出来，才是融合之后的"我们"，关系更好的"我们"。很多时候，夫妻之间吵架不是对错的问题，而是因为情绪没有交流，情感没有被另一方认同。

因此，好的家庭氛围并不是从来没有冲突，而是善于解决冲突，并且家庭成员之间彼此尊重，共同节制言行，拒绝暴力，努力尝试沟通，用心维护家庭的关系。我们更关心的问题是，父母吵架没有来得及或没有条件避开孩子的时候，该如何降低它对孩子的负面影响呢？

如何降低父母吵架对孩子的负面影响

首先要清楚一点，是"吵架"，而不是"恐怖袭击"。在父母没有过激言行的情况下，孩子是能够耐受的。这种对冲突的耐受力恰恰对孩子的成长有好处，因为孩子会发现"有冲突是正常的"，不必特别害怕。

心理健康不是指"外在冲突零接触"，而是一种"内在的稳健"。当家庭爆发冲突时，父母还可以有意识地采取一些有效的干预措施：

（1）**在父母吵架过程中，如果孩子发出"停战"的信号，一定要尽量温柔回应。**比如孩子说"好吵，太吵了""别吵了"，大哭着要抱抱，或者拉着父母不停讲话等，说明孩子已经不能耐受了。父母一定要重视这些来自孩子的"求救信号"，满足孩子的需求，给予语言或非语言的回应。比如：抱起孩子安抚背部；抱着孩子走到另外的空间，一边安抚孩子，一边帮助自己冷静。

（2）**向孩子道歉，划清界限。**为自己的"失控行为"向孩子道歉。划清界限，给予孩子反馈，告诉孩子，这是爸爸妈妈在讨论问题，声音有点儿大，是大人之间的事，和你没有关系。

（3）**千万不要在吵架后"拉孩子站队"。**比如，让孩子评价谁对谁错，以及在背后说对方的坏话，说对方就是一个怎么怎么样的人之类。这在亲子关系中是"大忌"。一旦孩子觉得被赋予了调和父母关系的任务时，孩子就被过度要求了，被卷入到了父母关系中，日后会出现更多的心理冲突和人格问题。

（4）让孩子看到父母和好了。对孩子来说，父母的和好如果有一些仪式，就会特别有"完成感"。比如用特定表述——"警报解除啦""怪兽赶跑啦"，或者父母都亲孩子一口来表示和好了。用一定的仪式向孩子交代：宝贝，那件事已经解决啦！吵架之后的和好在孩子看来是父母相爱最结实的证明。

（5）根据孩子的理解力，向孩子解释和展示关于"冲突"的基本观点。比如：冲突并不可怕，冲突是在沟通；大人也会生气，大人生气的时候也可以仔细听别人是怎么说的（冲突当下依然保持倾听的能力）；好朋友之间也会大喊大叫，也会让你做你不愿意做的事，但她的出发点可能是什么（引导换位思考）；我们也不想吵架，但有时候只有吵架，别人才能理解我们，我在努力让爸爸理解我（维持努力让别人理解自己的能力）；你也可以大声表达你的立场，你告诉她，你不想扮演安娜，你想扮演艾莎（表达的权力）。

父母之间的冲突是孩子最重要的冲突学习素材，涉及非常多的内容，比如：孩子如何看待冲突，对冲突的接纳程度如何；如何安全地表达愤怒；如何管理自己的"攻击性"；如何在冲突中保持理智思考；如何有意识地去维护关系，而不是无意识地破坏关系；如何让"我们"更好，而不仅是让"我"更好。

　　孩子长大后会发现，人生就是一部活脱脱的冲突管理史。因此，父母好好学习吵架，孩子才能不怕父母吵架，进而不怕与那些霸道无理、对她大声嚷嚷的同伴发生冲突，孩子会更淡定、更从容地去表达自己的立场。**孩子不需要"表面的和平"，孩子需要的是"有节制的真实关系"；孩子不喜欢吵架，但孩子渴望学习如何做到真正的亲密。**

如何处理隔代育儿的冲突

　　除了夫妻关系冲突，现代家庭还普遍存在祖父母参与育儿的隔代教育环境，隔代育儿冲突也对家庭氛围有着重要的影响。在我研究的家庭教育课程中，就有专门一系列课程内容是针对隔代育儿的。鲍文的家庭系统理论还指出了一个普遍的家庭教育现象，一代没有解决的问题趋向于传给下一代，即多代传承理论。经常有父母来咨询他们和孩子的祖父母之间的矛盾冲突，以及这种复杂的代际传承对孩子造成的负面影响。

　　曾经有一位妈妈向我咨询关于"老人当着孩子面批评父母"的话题：

　　"我女儿2岁，平时是老人帮我们带。不管大事小事，只要是关于孩子的事，我经常觉得自己说了不算，老人说了才算，我也经常感到被否定和受责备。时间长了，孩子也开始不把我的话当回事。请问，老人总是当着孩子的面批评我，对孩子有什么影响？我该怎么办？"

　　老人经常当着孩子的面批评父母，确实会影响"父母权威"。"父母权威"不是指父母专制，一切都要听父母的，一切都是父母说的对，而是指父母需要建立使孩子信服的影响力和值得孩子信赖的教导方式。每位家庭成员都需要帮助父母建立在孩子面前的这种值得信赖的感觉。因为父母才是教育孩子的主体，尤其在隔代教育的环境下，对于孩子来说，父母是不可替代的。

如果祖父母经常在孩子面前批评父母，不尊重"父母权威"，那么，孩子也会漠视或不尊重父母，模仿老人的语音、语调和语气，说话不算数、故意破坏规则、讨价还价、不断试探底线等。这样不仅会影响亲子关系，还会激化父母和孩子之间的对抗性。因为父母会更生气，更想说服孩子，在规范孩子的言行举止的时候会更着急，更容易情绪失控。有些孩子会感到害怕和自责，觉得爸爸妈妈被爷爷奶奶批评都是因为自己不好，连累了父母，孩子可能通过讨好、压抑、说谎、转移话题、躯体化反应（比如说自己肚子疼）等方式来转移大人的注意力，试图保护父母，缓和大人之间的矛盾。孩子过度卷入大人之间的冲突、承担过多的责任，对孩子的人格、情绪情感的发展很不利。

因此，孩子的祖父母可以"批评"父母，但最好不要当着孩子的面，更要注意方式方法，在互相尊重的前提下，为孩子提供解决冲突和有效沟通的榜样。那么，父母既然是教育的主体，面对孩子祖父母的批评时，如何做才能降低对孩子的负面影响呢？

如何降低冲突对孩子的负面影响

（1）在被批评的当下，做好情绪管理，有礼有节地回应。

如果我们特别在意孩子祖父母的批评，我们就更容易被激怒，因此做好情绪管理是第一步。我们可以在第一次被批评的时候或者情绪还没有那么糟糕的时候，就及时告诉他们："你可以有你的看法，这个问题一时半会儿也说不清，我先想想，等一会儿孩子睡了，我再去和你解释。"这样其实是主动做出"避开孩子"的处理。我们也可以及时告诉他们自己的感受和对好好沟通的期待："你这样说，我觉得很委屈，事情怎么做，我们可以讨论，但不要说一些评价我这个人怎么样的话，这对孩子也不好。咱们对事不对人，有话好好说。"当我们这样回应的时候，不仅表达了自己的立场，也为孩子做出了"积极沟通"的榜样。

（2）**事后单独和老人沟通，提高自己的沟通技能**。不要急于证明自己的方式才是对的，因为"对的就是对的"，如果我们足够相信自己的育儿方式是科学的，对孩子的发展有好处，那么，我们越应该气定神闲。因此，我们只需要尽自己所能，去影响老人。比如：先认可老人的初衷，理解老人的想法，让老人感受更好，再介绍一些科学育儿的知识或者通过一些老人比较信赖的人，向他们传递一些新的角度，刷新一些认知，让老人有所思考，主动性更高。对老人的要求不要太高，求同存异，追求改善即可。如果老人被我们影响的程度有限，那就只需要接纳这种不可控、不一致的因素，去增加自己对孩子、对其他家庭成员的影响力。

（3）**平时注意培养和孩子之间的亲密关系，提高自己对孩子的正向影响力**。坚信"父母为主，长辈为辅"的隔代养育关系，比较有助于孩子的成长。如果我们被孩子祖父母的隔代养育行为困扰，可能说明我们对自己没信心，不知道自己对孩子的影响力有多大。我们越在乎别人怎么对待自己的孩子和别人"不对"的地方，孩子越可能在这个地方出现问题。因为我们会比较激动，像检测到一个"巨大的病毒"一样，会说类似"就是因为爷爷奶奶惯着你，你才得寸进尺的！"这样的话，这在无形之中会让孩子意识到："哦！原来我这样的行为就是被惯坏了。"孩子就此接收到了一个负面的暗示，这种"既成事实"的感觉会让孩子也认为自己就是这样"不够好"了。因为我们太看重这个"大病毒"了，仿佛孩子已经被感染了。因此，父母要想办法加强自己与孩子之间的亲密度，提高对孩子、对其他家庭成员的影响力，承担起相应的责任，花时间、花精力用心陪孩子，不断学习，和孩子一起成长。当父母能够通过学习和努力，让孩子的行为越来越好时，育儿的自信心就会被建立起来，那时候，我们就不会因为别人对待孩子的方式而过分焦虑了。

那么，在隔代教育的大环境下，有没有哪些基本的原则可以帮助父母和孩子的祖父母建立良好的关系，为孩子创设比较和谐的家庭氛围呢？

隔代育儿的基本原则

我们需要厘清三个问题：角色定位如何？最终目标是什么？基本态度是怎样的？借助下面这个提问，让我们来看看为了有利于孩子的身心发展，需要如何建立隔代育儿背景下的家庭关系。

"我儿子 2 岁了，白天我上班，需要我婆婆帮我带孩子，但她经常对我下班后带孩子的方式指手画脚，嫌我太年轻带不好孩子，觉得她比我有经验。在'谁更会带孩子，谁的方式更对'这些问题上，我和她经常互不相让，谁都说服不了谁，经常吵架。请问，该如何处理这种矛盾呢?"

从这位妈妈的描述中，我们感受到她和婆婆之间在如何教养孩子这件事情上，仿佛形成了某种"竞争关系"。比如，经常争执对错，比较孩子跟谁更亲密、孩子更听谁的话、谁的方式最正确、谁的影响力更大，等等，经常感到彼此之间存在较量和对抗。在父母和老人一起参与的隔代育儿现实中，这种"紧张的感觉"在所难免，尤其是婆媳之间，因为女性普遍是养育和照顾孩子的主力。

在这种紧张的关系下，孩子有可能也会感到紧张和焦虑、无端发脾气或不知所措，也有可能学会"钻空子"，挑战大人的底线，或学会一些不尊重人的言行举止等。总之，紧张的家庭氛围会对孩子的身心健康和人格发展产生不利的影响。

那么，孩子的父母和祖父母之间究竟建立什么样的关系才有利于孩子的成长呢? 肯定没有绝对合作或绝对竞争的关系，但有一点可以肯定的是，作为父母，我们需要尽可能地去管理我们和长辈之间的关系，让它往有利于孩子身心发展的方向发展，否则，我们就会拘泥于具体的矛盾，难以进行有效的情绪管理。以下是我梳理的几条隔代育儿的基本原则，或许可以帮助大家找到一种可以为之努力的"关系模式"。

（1）父母和祖父母的关系定位最好是"育儿联盟"，而非竞争者。 联盟是有共同目标的，是互相尊重的，至少是"求同存异"的，重要的是对彼此的态度，是愿意努力一起协同合作的；而竞争者就更有可能互相挑剔、比较、否定。我们当然知道，和长辈之间建立联盟的关系不容易，但值得去做。最重要的是，我们需要去觉察：目前我们和长辈之间的关系更接近于联盟，还是竞争者？哪个比例更高？我们与长辈之间的竞争与冲突有多久了？是否该调整一下我们和长辈之间的关系了？我们需要适时地先退出"权力之争"，把关系定位从竞争者尝试放到联盟的位置上来。只有这样，我们才有可能开始想要调整想法、调整沟通方式，不然就会一味追求对错，而牺牲了彼此的关系，这种紧张的家庭氛围会比当初那些冲突事件本身对孩子的危害更大。

（2）**我们处理隔代教育问题的最终目标，应该是追求家庭关系的和谐，而非我们和长辈之间的强弱对错。**分清谁对谁错不是终极目标，更不能以牺牲彼此的关系为代价。因为家是家人在一起的地方，家人在一起的地方自然有"你和我的差异"。我们每个人都需要被接纳、被包容、被理解，尤其是在家里。家不是"竞技场"，不是"我行你不行"的赛场，我们不需要打败谁，我们只需要被理解和尊重。求同存异可以让我们时刻记得家是不必太较真的地方，是需要温度的地方。

（3）**父母和祖父母需要遵循的基本态度：尊重差异，尊重边界。**很多时候，我们之所以不能接受和尊重差异，就是因为我们觉得那样对孩子不好。但其实，孩子可以从不同的方式中学到不同的东西，我们不能控制别人怎么对待孩子，就像以后孩子进了幼儿园、社会，我们也不可能要求老师、同学和其他成人用和我们一模一样的方式对待孩子。所以，我们真正的职责是：教孩子如何应对和反应，给予孩子正确的引导，做好我们自己能做的，加强自己对孩子的影响力，帮助孩子做出正确的判断和行为。

虽然在现实生活中，我们难免情绪失控，但只要我们愿意站在更高的维度去管理我们的家庭关系，我们就会及时止损，克制自己的言行，而不至于让关系越来越糟。当父母认同并遵循了以上隔代教育的原则后，有些父母开始尝试修复关系，提升自己的沟通技能，有些父母则开始允许矛盾和分歧暂时存在，更能容忍家庭成员之间的差异了。尽管问题还在，但那已经不是他们的困扰了。

第 2 章

父母情绪管理的 4 个障碍

在儿童教育、家庭咨询领域工作的这十几年里，我接触了很多父母。我发现，他们并不是不知道"发脾气"带来的负面影响，也学习并尝试过一些情绪管理方法，甚至看过很多育儿书籍，但依然告诉我他们控制不住自己的情绪。

- 我看书学习花了很多时间，到头来反而让自己更痛苦……
- 扔书包，拍桌子，掀桌子，甚至打他，说出来很惭愧，恐怕外人看不出我这样……
- 我不是一个"暴虐无脑"的人，但他那样我真的做不到保持微笑……
- 感觉有些人没我这么努力，孩子却比我教育得好，我能说我孩子软硬不吃吗？

- 发脾气是我无能的表现吗？我对孩子努力做的那些，已经是我的能力上限了……

每当和这些父母面对面的时候，他们脸上浮现的东西太复杂了。他们无助却真实，质疑自己，感到挫败，努力维持自我的体面，却流露出克制不住的脆弱……无力、羞愧和自责，汇聚成一句话："我知道那样暴怒发火不好，但我就是控制不住啊！"

一开始听到他们这样说，我挺挫败的。因为每次给他们上课、讲沙龙、做咨询，我都竭尽全力、深入浅出，专业而系统地讲解，结合团体游戏与体验式教学，告诉他们如何去控制情绪、具体有哪些方法，但总有人告诉我"有点儿难"或"没有用"。

我怀疑他们是否真的想改变。如果自己不愿意去改善，那其他人也确实很难帮助到他们。情绪管理的遥控器一直在且只在每个人自己的手里。再多情绪管理的方法都只是工具，愿不愿意用才是关键。

虽然不是所有人都觉得没用，但这些声音意味着只教方法是不够的。于是，我开始和每一位告诉我"很难、不太有用"的父母做深度访谈和情景分析，不再只告诉他们"如何管理情绪"，而是开始思考和探究：为什么父母控制不住自己的情绪？是真的做不到，还是有什么别的原因？

在这一章里，我将会和大家分享经过大量个案访谈和团体研究之后发现的 4 个常见的父母情绪管理的障碍。

控制的对象错了

就像上一章讲到的，很多时候父母发完火，会感到后悔、懊恼、羞愧和自责，会想：

"哎呀，我怎么又生气了！我不应该生气的。"
"我刚才又着急上火了，又没做到心平气和。"
"下次一定要淡定，要保持平和，不能跟孩子生气。"

仿佛"不生气"才是做到情绪管理了，才是一个好妈妈或好爸爸。但事实是，我们做不到。我们下一次还是会生气，还是会着急。为什么呢？因为感到生气、感到着急是正常的，任何人都有权利感受到任何情绪。

情绪本身没有好坏之分

情绪有好坏之分吗？在不假思索的情况下，你本能的答案是什么？

A. 当然有好坏之分了，开心谁不喜欢？生气最不好了。
B. 不确定，开心也会有"乐极生悲"的时候。
C. 应该有吧，负面情绪都不太好，没人喜欢伤心，没人喜欢恐惧地生活。

在给家长和孩子的亲子课堂上，我曾经做过一个游戏，给"开心""生气""伤心"和"害怕"4 种情绪投票，每人只能投 2 票，1 票给最喜欢的情绪，1 票给最不喜欢的情绪。大家猜最受欢迎的情绪和最不受欢迎的情绪分别是什么？在我 10 年内带过的几乎所有家庭里，最受欢迎的是"开心"，最不受欢迎的是"生气"。

这是人之常情，我们往往都喜欢正面、积极的情绪，不喜欢负面、消极的情绪，而且本能地希望消除负面情绪。比如有些家长会说"生气伤身体""发脾气显得没有教养""胆小害怕是懦弱的表现"，等等。因此，很多父母不能接受自己的孩子生气、伤心和害怕，总希望立即消除自己和孩子的负面情绪，认为"生气是不好的""伤心是不好的""害怕更是不好的"，等等。

下面这个对情绪的观点和态度自评表（如表 2-1 所示），可以帮助你看看哪些观点是你认同的，哪些不是。

表 2-1　对情绪的观点和态度自评表

请阅读以下对情绪的观点和态度，在相应的选项格子里打钩。

对情绪的观点和态度	同意	不同意	不确定
生气是不好的，孩子更不应该生气			
孩子就应该高高兴兴的、无忧无虑的			
我受不了孩子难过，伤心是不好的			
孩子应该勇敢，胆小害怕很不好，尤其是男孩子			
人就是来享受快乐的，不应该是来受苦的			
生气可以，但摔东西、打人就不好了			
哭很正常，大人小孩都可以哭			
孩子害怕总有自己的原因，哪怕我觉得没什么可怕的			

（续）

对情绪的观点和态度	同意	不同意	不确定
高兴也不是绝对的好，得意忘形就不好了			
生气没什么不好，至少能让别人知道自己的底线			
人可以生气，只要好好说出来，总比憋着好			
负面情绪都没什么不好，大人小孩都有权利经历这些			
适当体验痛苦会让孩子提高适应力、更有韧性			
即使心疼，孩子该经历的还是要经历			
情绪好不好，要看给自己和别人造成什么影响			

自我测评结束后，请记录下让你印象最深刻的题目，以及哪些情绪是你比较能接受的，哪些情绪是你比较不希望出现的。

人类天然地喜欢积极情绪，不喜欢消极情绪，但并不代表情绪本身有好坏之分，因为每一种情绪都有它的功能和意义。情绪具有适应功能，是人类在生存适应中发展分化出来的，调节情绪是适应社会环境的重要手段。同时，情绪在人际关系中起到信号的作用，是人际交流的手段。情绪本身没有好坏之分，因为每一种情绪都有意义。

比如，生气是在告诉别人什么对你是很重要的，什么是你当时非常介意的，什么是你真的接受不了的。哪怕刚有自我意识的 2 岁孩子，在妈妈不打招呼就扔了他的旧玩具时，他也会生气，大哭大闹。妈妈认为没什么意思的旧玩具当然可以扔啊。这时候，生气的情绪就意味着："我和你是不一样的，你认为没意思的，我觉得好玩。"所以，生气的意义在于，告诉别人"我和你的界限在哪里"，我的视角、价值观和你不一样。

和伤心相关的情绪有：失望、委屈、遗憾、心碎、难过、痛苦等。这些都是因为人的需求没有被满足。体验到伤心的时候，人会展现出柔软的一面。都说"会哭的孩子有奶吃"，伤心和示弱可以让别人知道自己的需求和期待，获得更多的关注、情感支持和实际的帮助。也许这就是为何孩子天生就喜欢哭、为何孩子天然地会表现出脆弱的一面，但我们的教育往往让孩子不要哭，尤其是男孩子。"要勇敢、要坚强"这样的教育会让很多男孩在成为男人、父亲的时候，习惯于隐藏和否定自己的伤心，甚至真的很难体会到伤心，丧失了对伤心的觉察力和表达意识。伤心有时候也是有温度的，尤其在人际关系中，伤心的情绪会引起别人的共情，有助于增进彼此的了解、拉近彼此的关系，让人获得爱和归属感。

害怕对人类更加直接地起到保护作用，会让人远离危险，寻求帮助。比如，婴儿害怕噪声、陌生事物、疼痛、身体突然移动或身体失去支持等。婴儿表现出害怕能帮助他们获得成人的关注和保护。2～5 岁的孩子对以上这些刺激的害怕程度降低了，开始出现想象中的害怕。比如怕黑、怕打雷等。这说明孩子的认知能力获得了发展，开始对潜在的危险有了预期，也说明孩子开始预见潜在的危险，不再被动地等着危险的到来。除此之外，还有与学校、人际交往、社会环境有关的害怕，比如怕考试、怕表演、怕失败等，这些害怕可以帮助孩子意识到"理想自我"和"现实自我"的区别。在正确的引导下，孩子可以从害怕中学习，害怕让孩子有机会提高自己的能力，比如解决问题、克服困难的能力等。

那么，积极情绪在任何情况下都会带来正向的影响吗？不是，哪怕是积极情绪也会有负面的影响。比如，孩子可能因为太兴奋了、太开心了，在公众场合大喊大叫，给别人造成不必要的干扰等。

人们之所以认为"生气是不好的"，是因为生气时人会说伤人的话，做过分的事。也就是说，情绪的表达方式有好或不好的影响，比如伤害自己或他人的言行。情绪爆发的时候，人是相对不理智的，容易做出一些比较失控的事情。

对待负面情绪的 3 个误区

为了帮助父母体会到"情绪不被接纳"的感觉，区分"情绪"和"情绪表达方式"，我设计过一个名字叫"气死我了！我要揍他！"的体验式游戏。

游戏需要 9 位家长志愿者，1 位扮演"生气的家长"，其他 8 位扮演他的"亲朋好友"。情景是"生气的家长"向他的 8 位"亲朋好友"诉说和表达自己生气的情绪，8 位"亲朋好友"分别反馈给他 1 句话。体验分两轮进行，第一轮，这 1 位"生气的家长"站在中间，8 位"亲朋好友"围着他站成一圈，"生气的家长"依次对每个"亲朋好友"说同一句话："气死我了！我要揍他！"这个"他"可以是任何让他生气的人，孩子、伴侣、朋友、陌生人都可以，然后 8 位"亲朋好友"依次回应卡片 A1～A8 上的那句话（每人一句，如表 2-2 所示）。

表 2-2　第一轮体验中的卡片内容

序号	卡片内容
A1	多大的事儿啊！你不该这么想
A2	你这样可不对啊，你该好好跟他说才对
A3	生气可不怎么好，别跟自己过不去
A4	你这么生气，只会让事情更糟
A5	行了行了，快别生气了，你该学着宽容
A6	至于这么生气吗？没那么严重
A7	生气有什么用啊？打人就更不对了
A8	好了好了，别跟他计较了

每一位志愿者进行回应前，我会提示他们进入角色，表现出每句话相应的语气，以保证体验者的专注和体验的顺利进行。

第一轮体验结束后，"生气的家长"会感到自己越来越生气了，负面情绪指数不断上升，也不想再说更多。甚至有些"生气的家长"的扮演者会说："我本来是想揍那个让我生气的人的，但一圈走下来，我有点儿想揍这些亲朋好友了！他们真是站着说话不腰疼。"当然不是真的揍，而是听完他们的回应，本来生气的"情绪球"仿佛被"弹回来"了！很多时候，我们本意是想去安慰别人，但对方会感到他们的情绪被"拒收"了、被否定了，仿佛不该那样生气，没必要有那些情绪，生气又没有用，等等，这反而会让他们更不舒服。

然后我问"生气的家长"："如果还有第二次，你又遇到了生气的事，你还会找这些亲朋好友倾诉吗？"他们会回答我：

"不会了，不想再找他们了。"几乎所有扮演过"生气的家长"的志愿者，都会在第一轮体验后这么回答。然后我会告诉他们："那么，机会来了，假设你又遇到了生气的事情，这一次，我给你换了一批亲朋好友，你再体验一下？"

第二轮我会邀请同样人数的家长志愿者进行体验。扮演"生气的家长"的人不换，另外邀请 8 位新的志愿者扮演"亲朋好友"。8 个人围圈而站，"生气的家长"（和上一轮是同一个人）依次对每一位新的"亲朋好友"说同一句话："气死我了！我要揍他！"8 位新"亲朋好友"依次回应卡片 B1～B2 上的那句话（每人一句，如表 2-3 所示）。

表 2-3　第二轮体验中的卡片内容

序号	卡片内容
B1	听上去你真的很生气
B2	哦，你真是太生气了，以至于你都想动手打他了
B3	每个人都有生气的权利
B4	你可以生气
B5	嗯，是的，我也经常感到生气
B6	你需要先冷静一下，出去透透气吗
B7	那件事对你真的很重要，所以你生气
B8	感到生气很正常

这一轮体验后，"生气的家长"几乎都反馈说："这次感觉舒服多了，还想再说更多。""我的生气指数是在下降的，我的'生气球'被他们接住了，这次没有弹回来。""说着说着，我就没那么生气了，仿佛恢复了理智。""我本来也只是说气话，

我感觉好多了，不会去真的揍别人了。"有些"生气的家长"在活动进行中，会不由自主地点头、长舒一口气，还有一些甚至会因为被"理解"了而哭出来，他们说："我感觉，我可以生气，我有生气的权利，他们懂我。"仿佛"生气球"被安放在了这个"温暖的圈圈里"，他们放下了，长舒一口气，被理解了，被看到了，这就是情绪被深深接纳的感觉。

从上面这个活动可以看出，我们对待负面情绪通常有以下3个误区。

误区1，立即消除。代表词："好了好了，别哭了"等。

立即消除是指希望负面情绪立即消失，或马上就好起来，哪怕有时候我们自己都没意识到。如卡片：

- 行了行了，快别生气了，你该学着宽容
- 好了好了，别跟他计较了

我们有时候会对孩子说：

- "好了好了，不是给你换了一只新笔吗？怎么还哭？"
- "行了行了，别人都给你道歉了，你怎么还生气？"

再比如，有些爸爸在看到孩子哭的时候，会马上对孩子妈妈说："快快快，你快去看看他啊，别让他哭了，哭什么哭啊？"

有时候，父母也会通过逗孩子、给孩子吃好吃的，试图转移孩子的注意力，希望孩子的负面情绪马上消散，马上好起来。但很多时候并不奏效，反而会让孩子更加烦躁；有时候虽然暂时奏效，但过一会儿孩子又生气、难过起来。

误区 2，否定。代表词："不至于""不应该""没必要""有什么用"等。

否定是指倾向于否定自己或他人的负面情绪，试图让自己或他人放弃自己的感受，认为自己或他人不应该感到生气、没必要伤心或不至于害怕等。如卡片：

- 多大的事儿啊！你不该这么想
- 生气可不怎么好，别跟自己过不去
- 至于这么生气吗？没那么严重
- 生气有什么用啊？打人就更不对了

我们有时候会对孩子说：

- "不要害怕，害怕有用吗？"
- "你还生气呢，你有什么理由生我的气？"

误区 3，压抑。代表词："这样会更糟"等。

压抑是指倾向于认为自己或他人的负面情绪会导致不可估量的糟糕后果，试图让自己或他人合理化自己的负面感受，回避掉"不好的"情绪，装作若无其事等。如卡片：

- 你这样可不对啊，你该好好跟他说才对
- 你这么生气，只会让事情更糟

我们有时候会对孩子说：

"不准哭，憋回去，一！二！三！"

"不许生气，生气不是好孩子！"

除了周围的人会对我们这样说，我们会对孩子这样说之外，在负面情绪产生的时候，我们头脑中仿佛也有一个声音对我们自己说这样的话，比如"我不要生气！我不应该生气，生气也没什么用"或者"我不能害怕"，等等。我们在内心深处也往往不那么接纳自己的负面感受，比如无助、无能感、挫败感、失望等，还会压抑自己的感受，做个体面、"情绪稳定"、成熟的"社会人"。

当然，**这3个误区不是泾渭分明的，它们有时融合在一起。比如，有时候我们既在否定情绪，又希望情绪立即消除；有时情绪被压抑久了，我们仿佛就感受不到恐慌、焦虑和不安了，但其实，这本质上仍是一种对情绪的否定。而我们越是压抑或否定情绪，它就越会变得更强烈。**

情绪管理的对象不是"情绪"，而是"言行"

既然情绪没有好坏之分，每种情绪都有其意义，你当然可以感到生气和愤怒、伤心和失望、害怕和恐惧、焦虑和烦躁，这些感受本身是需要被允许和接纳的。就好比有人对你说："这有什么好生气的，没必要啊！"你会怎么想？你会想"站着说话不腰疼"，是吧？

那我们为什么还需要情绪管理呢？我们真正否定、压抑和希望立即消除的，到底是什么呢？

是我们一气之下就扔了孩子的玩具，一怒之下就打了他；是没忍住对孩子说"你再这样我就不喜欢你了，你怎么这么讨厌"；是辅导孩子作业时情绪失控，拍桌子、砸板凳，甚至点燃了孩子的作业本，并将它扔下楼，差点把邻居家烧了；是因为孩子不认真上网课而绝望透顶，于是把孩子拖进大海吓唬他，却惊动了警察，被非常不体面地送上新闻热搜……

我们希望消除的，是这些具有伤害性、破坏性的言行，是这些不健康的情绪表达方式。说白了，是情绪所带来的负面影响，而不是情绪本身。

情绪没有好坏之分，但情绪所产生的影响有好坏之分。因为积压了负面情绪而选择报复社会的极端案例，就充分说明了这一点。

所以，情绪管理的对象不是情绪本身，而是情绪化的言行，尤其是那些具有伤害性、破坏性的言行。如果我们搞错了要去管理的对象，就会永远觉得控制不了，会觉得"我怎么又生气了啊""我又没做好情绪管理"，陷入懊恼和自我否定的负面循环。

只有认同情绪管理的对象是言行这个观点，我们才有可能发自内心地做一个决定：我要去节制我的言行，有哪些话甚至哪些词确实不能说，但我可以生气；有哪些动作我不能再做，比如打孩子的脸、把孩子关到门外面惩罚他等。

因此，那些试图通过"让孩子恐惧和羞愧"来纠正孩子犯的错误并树立父母威严但带有明显伤害性的言行，都需要父母有意识地节制，父母可以替换成其他健康的表达情绪的方式。关于如何表达情绪、如何批评孩子，以及如何在建立联结的情况下带着尊重去纠正孩子的行为，会在后面几章展开。

　　高能量父母不是没有情绪，而是允许和接纳自己与孩子的情绪，诚实面对自己的情绪；高能量父母也不是言行完美的，而是愿意节制自己的言行，愿意下次做得再好一点儿，认为情绪管理是自己的事。

情绪管理的核心原则：接纳情绪，节制言行

　　情绪管理的核心原则就是把"情绪"和"表达方式"分开处理：接纳情绪，节制言行。

　　你可以生气和愤怒、伤心和失望、害怕和恐惧、焦虑和烦躁，你不必为此感到羞愧，这些情绪本身是永远不需要被控制的，而是要被拥抱的。就好像一个小球滚过来、慢慢走远了，或者被接住了、放下了，然后你就能轻松前行了。如果你不让自己感到生气、伤心和害怕，那么负面情绪只会挤压变形，变成不定时炸弹。

　　曾经有位妈妈红着脸对我说："请把我焦虑的权利，还给我……"那个瞬间，我真的被击中。我从她身上学到，任何人都有权利感受到任何情绪。情绪是每个人在某个具体情境里自然产生的东西，是非常个体的感受。"你不是我，你怎么知道那件事对我有多么重要？"每个人都有权利感受到属于自己的情绪，哪怕遇到同样的事，别人不会生气，我也有权利感受"我所感受到的"。每个人的情绪和感受都需要被接纳。

　　但我们不能因为有情绪，就想说什么说什么，想做什么做什么。节制自己的言行才是情绪管理真正的核心。

　　比如，我们可以对孩子说：

- "你可以生气，但推人这个行为是不好的，你可以大声说：还给我！"
- "你可以失望、伤心，但你说我是坏妈妈，我听了很伤心，这个词我不能接受。"

我们可以对家人说：

- "你可以焦虑，但一直唠叨让我心烦意乱，你可以说两遍，但不要一直重复，或者你去另一个房间等我把事情解决好。"
- "你可以生气，但扔我的手机、突然关掉我的电脑我绝对不能接受！你可以大喊大叫，这个我可以接受。"

我们可以对自己说：

- "我可以愤怒，但笨蛋、傻瓜、蠢这样的字词就不要对孩子说了，尤其是当着外人的面，不能这样说孩子，我可以说'我很生气，我快被气炸了'"
- "我可以焦躁，但下次不会踩碎孩子的玩具了，也不能突然把孩子关到门外面，我可以暂时保留大喊大叫，因为我实在做不到轻声细语，但我会想办法到阳台冷静一下再回来处理。"

　　学习情绪管理并不意味着不能发火，而是要为自己的情绪表达方式负责任。

　　可以有情绪，但要节制自己的言行。只有认同这个观念，一个人才有可能愿意去管理自己的言行，才有可能愿意主动去做些什么让自己感觉好一点儿，再回来处理事情、继续沟通。

而不是把"情绪管理的遥控器"放在别人的手里，"只有你不再这样，我才能感觉好"。擅长情绪管理的父母会把"情绪管理的遥控器"放在自己的手里，为自己的情绪管理负责，他们能意识到什么时候自己需要停一下，需要让自己冷静一下，知道怎么先"收拾"好自己，再"收拾"孩子。

在研究儿童心理学、做家庭课程研发的十年里，我发现，要想帮助父母做好情绪管理，首先需要与父母就这一观点达成一致，不然所有情绪管理的具体方法都不会奏效。我们只有搞清楚情绪管理的对象是谁，才不至于压抑、否定自己的情绪；我们只有愿意节制自己的言行，接下来我要与大家分享的情绪管理的具体方法才会奏效。因为任何方法都不会脱离人而实现，只有在你愿意使用工具时，工具才会真的发挥作用。接下来几章会逐一展开介绍情绪管理中"感觉管理"和"表达管理"的方法，即在有情绪的时候，如何觉察自己的情绪，如何先让自己感觉好一点儿，如何给自己充电，如何健康、有效地表达自己的情绪。

【问答时间】

问：女儿3岁多了，最近脾气特别大，一碰到不顺心的事情不是哭闹就是生气，应该怎么帮助她改掉这些坏毛病？

答：好的，这是关于情绪管理的问题。首先，如果我们认为这是"坏毛病"，那我们就会比较着急生气，想要去纠正，或者运用说教、批评等传统的方式，结果让孩子更生气。但事实上，这是适龄行为，就是符合孩子年龄的行为。因为孩子的表达和管理情绪的理智脑还在发育。孩子天然比大人更容易发脾气。情绪没有好坏之分，每一种情绪都有意义。我们真正不接纳的其实是糟糕的情绪表达方式，比如尖叫啊，摔东西啊，打人啊，等等。我们需要把情绪和情绪表达方式分开处理——接纳情绪，节制言行。

以下是具体的情绪管理步骤。

（1）反馈孩子的愿望，说出孩子的感受，比如"你还想再玩一会儿是吗？你还不想走""你很失望，你有点儿不高兴"。

（2）用描述细节的方式与孩子共情，"刚才那个姐姐太着急了，把你推倒了，你很伤心""妈妈刚才太着急了，扔了你的玩具，你很不高兴"。如果我们有不尊重孩子的言行，需要先向孩子道歉。如果我们希望孩子控制好自己的言行，我们就需要做榜样。比如告诉她："妈妈刚才太生气了，以至于做了什么，对不起，我们抱一抱好吗？下次我会用嘴巴说。"

（3）教给孩子健康的情绪表达方式，比如告诉她："你可以哭，可以不高兴，但不可以扔东西。你可以跺脚或大声告诉我们你很生气。"

（4）使用肢体语言，比如抱着孩子、慢慢抚摸，在你和孩子都冷静一点儿的时候，才有可能做得更好。

最后一点，在执行规则的时候或者孩子大哭大闹让我们心烦意乱的时候，一定要少说话，允许他哭一会儿、闹一会儿，让孩子感受到我们是不会被她的哭闹缠住的，但我们在乎她的感受。让她明白规则是坚定不移的，慢慢地，孩子就会平复。

情绪控制晚了

觉察情绪，并及时表达

觉察情绪是情绪控制的第一步。当我们面临各种情绪时，我们应该学会观察和识别自己的情绪状态，这可能需要一些时间和练习。通过不断地觉察自己的情绪，我们可以更好地了解自己的情感需求和反应模式。只有当我们能够准确地识别自己的情绪时，我们才能有针对性地采取相应的措施来控制和管理情绪。

觉察到自己的情绪后，下一步就是及时表达。情绪的积累和压抑可能会导致情绪失控的发生，因此，我们应该学会尽可能在情绪失控前，早觉察、早表达。

觉察自己的情绪指数

我们先来想象一个场景：

在一个炎热的夏天，空调坏了，你有点儿烦躁，假设这时候你的负面情绪指数是 2 分，又看到孩子把玩具到处乱扔，满地都乱七八糟的，你刚走过去就被一只小汽车扎到了脚，你大叫一声，负面情绪指数就从 2 分飙到 5 分了。这时，你会大声呵斥："你看看你！赶紧把玩具给我收好！"孩子当耳旁风，你会怎么样？你走过去叫他收拾，他还跟你顶嘴说："不要！就不要！"你会怎么样？有些家长说这时候我就要爆炸了，负面情绪指数飙到 8～9 分了。这时，我们很有可能采取更极端、暴力的方式去呵斥、拖拽孩子，让他必须收拾。

哪怕这时候，你开始对自己说"不能打他，我要忍住"，努力克制，自己蹲下身开始收玩具，可但凡孩子再闹一下，踢你或者尖叫，说"你这个坏妈妈／坏爸爸"，你会怎么样？对，你终于爆炸了，负面情绪指数达到 10 分。你可能直接就上手了，打手、打屁股，或者一怒之下把玩具都扔了，或者惩罚孩子说："你再说一遍？晚饭不要吃了！过来给我罚站！"

大家发现了吗？情绪是一个不断飙升的过程，一定不要等到接近爆炸了才管理，因为，那时候管理效果已经不大了，10 分的暴怒就在眼前了。我们要在前面 2 分烦躁或 5 分生气的时候开始管理。当然不一定那么精确，但一定是你尚且理智的时候，还有能量好好说话的时候，主动去做点儿什么、说点儿什么，让自己感觉好一点儿，或让孩子意识到你生气了，给你的情绪气球放放气、解解压。比如告诉孩子："妈妈很怕热，现在有点儿烦，看到玩具太乱了，我很不高兴，希望你收拾一下。"尽早觉察到自己有情绪了，尽早告诉孩子你的感受和期待，不仅能让你感觉好一点儿，还能让孩子意识到你的"情绪气球"已经有多大了，对你的情绪变化有一定的了解和预期，这样就不至于在你突然"爆炸"的时候，让孩子感受到猛烈的冲击和创伤。

所以，要尽早觉察、尽早表达、尽早管理情绪，不然你总会觉得控制不了，因为时机错过了。如果经常这样，孩子很有可能感知到"父母是喜怒无常的""生活环境是不受我控制的"，进而产生"我无能为力""我必须讨好大人才能获得安全"等降低自尊水平和安全感的想法。

那为什么我们会控制晚了呢？因为我们没有随时觉察情绪的习惯。

什么是觉察情绪？就是当你感受到生气的时候，你就意识到了：哦，我生气了，我现在开始不高兴了。我们只有意识到自己有情绪，才有可能去管理它，才能主动去选择合理的表达方式。

情绪指数是一种对情绪进行量化的方式，除此之外，还有一些形象化表达情绪的方式，都可以帮助我们觉察自己的情绪，养成尽早觉察、尽早表达的好习惯。

很多时候情绪词汇并不容易脱口而出，我们也不习惯直接说出诸如"悲伤""沮丧""懊恼"这样的词汇。但告诉孩子"我现在的生气指数是 5 分"是比较容易做到的。形象化地描述自己的情绪是觉察情绪的第一个可操作的方法，因为它更直观，更容易被对方理解和接纳，也能帮助我们自己及时描述出心中的感觉，有助于情绪的宣泄和疏解。

与很多父母咨询和访谈后，我总结了以下一些形象化表达情绪的方式，与大家分享：

（1）类比。通过比较两种或多种情况，来对比描述，比如在描述情绪指数时：2 分表示小苹果那么大；4 分表示大西瓜那么大；6 分表示地球那么大；10 分表示宇宙那么大。以此来表达情绪的变化过程。

（2）比喻。通过颜色、形状、大小等特点来打比方。比如：低落（乌云密布）、失望（黑色沙漠）、愤怒（火山爆发）、压力（气球爆炸）。

（3）预告。利用"**我真的太……了，以至于我都想……**"句式来描述想要有的冲动行为（往往是简单粗暴的非理智行为），觉察并表达出这种想象中的行为，仿佛把自己的情绪变成了一幅画面。我真的太生气了，以至于我都想猛地把你抓过来，甚至把你所有的玩具都丢下楼去！（画面感让孩子马上理解他人的情绪。）

需要注意的是，"**我真的太……以至于"这几个字不可省略，应作为句式套用，重点在于表达出因为情绪太强烈而可能有的冲动行为**。比如：我太生气了，以至于我都在想以后再也不带你去了。"以至于"三个字不能少，否则很容易变成威胁"那你就不要去了"。

当我们经常这样形象化地表达自己的情绪时，孩子也会习得这样的表达方式，这无疑对孩子有一种潜移默化的示范和榜样作用，尤其是对还不会说话的孩子而言，这为孩子健康的情绪表达提供了非常好的语言环境。

【练习】

你可以根据以上形象化表达情绪的方法，试一试，练一练。比如，针对着急、生气、担心这三种情绪，可以如何用类比、比喻和预告来形象化表达自己的情绪呢？你可以试着将表 2-4 补充完整。

表 2-4　形象化表达情绪的练习

情绪词汇	形象化的表达		
	类比	比喻	预告
着急		我急死了，感觉自己都呼吸不过来了	
生气			我太生气了，以至于我都想踩碎你的喇叭，把你推出门外
担心	我刚才的担心指数是 3 分，现在变成 6 分了		

在刚开始练习时，感到有点儿难是正常的，让我们先从语言上做出一些改变，花时间练习之后，你会发现，觉察情绪变得简单起来，并开始慢慢内化为一种表达习惯。以下是我与很多父母一起练习这些方法后总结的范例，可供你参考（如表 2-5 所示），希望对你有所帮助和启发。

表 2-5　形象化表达情绪的范例

情绪词汇	形象化的表达		
	类比	比喻	预告
着急	我现在的耐心只有像核桃/像红枣/像黄豆/像芝麻那么大了，我快急死了	我急死了，感觉自己都呼吸不过来了	我等得着急死了，恨不得自己帮你做

（续）

情绪词汇	形象化的表达		
	类比	比喻	预告
生气	我有点儿生气，但它只是一闪而过的火苗，如果你再说下去，我就要被点燃了	我胸口有个大气球要爆炸了	我太生气了，以至于我都想踩碎你的喇叭，把你推出门外
担心	我刚才的担心指数是 3 分，现在变成 6 分了	我有点儿担心，我的心像被揪着，被人握紧了一样	我太担心了，以至于我都想推门进去陪你一起上课

觉察情绪的种类、指向对象和变化过程

有时候，情绪并不是直线飙升的，而可能是曲线、折线变化的。我们觉察到的情绪可能不是单一的，而是复杂多样的。因此，除了觉察情绪指数，我们通常还要去觉察更多的东西：

（1）觉察情绪的种类：你现在的感受是生气，还是有点儿害怕？

（2）觉察情绪的指向对象：你是对老公生气，还是对孩子不耐烦？

（3）觉察情绪的变化过程：你是一开始就很生气，或是逐渐地感到越来越生气，还是平静了一会儿，又开始生气了？

这些觉察的内容听上去很简单，但并不容易做到。我们怎样才能学会觉察如此复杂的情绪呢？

具体的方法是：找一些情绪爆发的事件，画下它的情绪曲

线。随着事件的进展，你感受到哪些情绪？分别都是对谁有情绪？情绪的曲线在什么时刻达到峰值，什么时候开始回落？

以下是我在课堂上请父母们做的一个情景练习。

情景：晚上，妈妈在电脑前加班，2岁的豆豆却总是拿一些玩具给妈妈，妈妈感觉＿＿＿＿＿＿＿＿＿＿。妈妈让孩子去和爸爸玩，爸爸却在看手机，孩子开始哭闹，妈妈感觉＿＿＿＿＿＿＿＿＿＿。爸爸抱走孩子，妈妈继续工作，快到9点了，妈妈还没有写完，提醒爸爸该带孩子洗澡睡觉了，爸爸却迟迟不动，任由孩子对着手机玩游戏，妈妈感觉＿＿＿＿＿＿＿＿＿＿。爸爸终于带孩子去洗澡睡觉了，晚上11点，妈妈还在工作，妈妈感觉＿＿＿＿＿＿＿＿＿＿。

请父母们想象如果是自己面临上述场景，自己的情绪会有什么变化。

同时，提供给他们一条情绪曲线（如图2-1所示）作为参考，请他们在自己的空白纸上画出在上述情景下自己的情绪曲线。当然，每位家长画出来的情绪曲线是不同的，根据自我觉察，曲线的形状、走势、高低、起伏都可以不同，比如有些人只画了一个谷峰，有些人画了两个谷峰，每个人谷峰和谷底的高度都不同。

但每个人都需要画出三个维度：觉察情绪强度的变化起伏、情绪种类的变化和指向对象的变化。

例如，图2-2是小A的妈妈把自己置身于上面这个场景之后画下的情绪种类维度的情绪曲线。

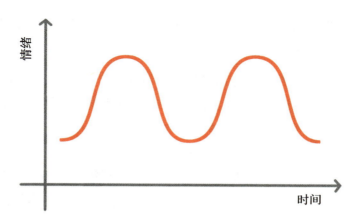

图 2-1　情绪曲线示意图

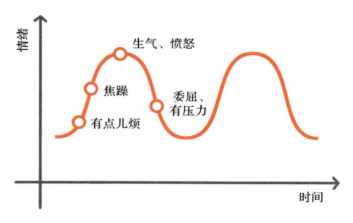

图 2-2　小 A 妈妈的情绪曲线（情绪的种类）

　　小 A 妈妈说，在一开始她只是有点儿烦，因为已经晚上了，2 岁的孩子却一直不肯去洗澡。她当时在电脑前加班，就让爸爸赶紧带孩子去洗，爸爸过来抱走孩子，孩子却开始大哭大闹，她听了更加着急，情绪升级，变成了一种焦躁。而导致她完全爆发的点是，她以为爸爸带孩子去洗了，谁知道，她发现爸爸带着孩子一起正在玩手机！这一刻，她气极了，走过去摔了老公的手机，吓哭了孩子。

然后，小 A 妈妈画出了每种情绪的指向对象（如图 2-3 所示），她发现其实她本身在晚上加班已经很累了，想陪孩子玩又不能陪的无奈和内疚，想老公帮忙他却帮了倒忙的失望和委屈，这些情绪的产生本质上还是因为当时自己的工作压力大，很难平衡好工作和生活，并由此带来对自己能力的怀疑、否定和莫名的愤怒。而这些觉察是在画情绪曲线的过程中慢慢浮现出来的。

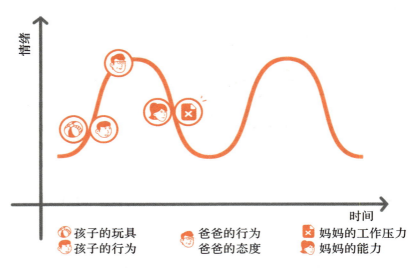

图 2-3　小 A 妈妈的情绪曲线（情绪的指向对象）

画情绪曲线的方法非常直观，可以帮助我们冷静下来，回望自己的情绪起伏变化：什么时候我就已经开始产生负面情绪了？我本来的情绪好吗？是什么促发了我的情绪升级？

我真正恼怒的人又是谁呢？我内心深处真正的渴望是什么？当然，这个方法属于一种刻意的练习，不必每次都画，但多画几次之后，你就会发现，你越来越擅长觉察自己的情绪了。

情绪的自我觉察是情绪管理的第一步，是情绪智力（emotional intelligence）的核心能力。一个人所具备的能够监控自己的情绪以及对经常变化的情绪状态的直觉，是自我理解和心理领悟力的基础。如果一个人不具有这种对情绪的自我觉察能力，就容易被自己的情绪任意摆布，甚至做出许多遗憾的事情。

觉察你的隐性情绪

情绪可分为显性情绪和隐性情绪。显性情绪是指那些比较容易被自己和他人感受到和观察到的情绪，有很多外化的、显而易见的情绪表现，比如生气、着急、愤怒等。隐性情绪则是指那些不易被自己和他人觉察到的情绪，有时和显性情绪同时出现，有时表现为平静，外人观察不出来。

隐性情绪往往是脆弱的或带有一些不被自己和他人接受的成分，比如生气背后是无助和害怕，尴尬背后也许埋藏着愤怒和不满，等等。对隐性情绪有觉察力是一个人深入了解自己的标志。

有些隐性情绪连你自己都觉察不到，因为我们是成人，更加容易忽略和不愿意承认自己的脆弱和胆怯等隐性情绪，我们更擅长把伤心和害怕包装为生气来表达。例如，我们指责孩子在朋友聚会上打翻了盘子，其实是我们自己感到尴尬，担心和害怕在公众面前出丑；我们抱怨孩子的爸爸每天加班工作，其实我们是担心他总是熬夜加班，影响身体健康，等等。

隐性情绪往往是一些不好说出口的脆弱的感受，比如内疚、羞愧、失望等。就像前面提到的小 A 妈妈，她生气愤怒的背后，其实还有委屈、伤心和感到有压力，她觉得本来加班就很累了，却没有得到老公的理解和帮助，又担心孩子睡得太晚影响身体发育。

如果我们能够觉察到这些生气背后的脆弱情绪，就可以告诉对方，我其实感到很委屈、很伤心。对方听了，也更容易理解和包容你的脆弱，而不是只看到你的生气、愤怒，甚至摔东西的一面。

我们可以用一个两层楼的三角形来展示显性情绪和隐性情绪的关系（如图 2-4 所示），例如，孩子在超市跑丢了，妈妈一个人找遍了超市，最终找到孩子时，妈妈很生气地对孩子说："你跑哪儿去了？叫你不要乱跑!"妈妈生气的背后其实是担心、害怕，还有伤心、委屈，可能还有自责。

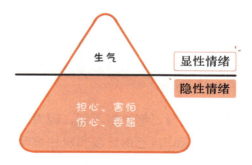

图 2-4 "妈妈"的显性情绪和隐性情绪

可见，妈妈的显性情绪是生气，隐性情绪有担心、害怕、伤心、委屈。隐性情绪往往比显性情绪更多、更复杂。生气和愤怒是最容易被觉察到的显性情绪，但其实，在生气和愤怒的背后，隐藏着很多我们的隐性情绪。

【练习】

你也可以尝试下列练习，并想象如果你是这位家长，你可能产生的显性情绪和隐性情绪分别有哪些。可以将情绪填在对应的三角形中（如图 2-5、图 2-6 所示）。

练习 1：孩子一不顺心就大哭、尖叫，一听到刺耳的尖叫你就感到＿＿＿＿＿＿＿＿＿＿＿，面对这个屡教不改的问题你还感到自己＿＿＿＿＿＿＿＿＿＿＿。

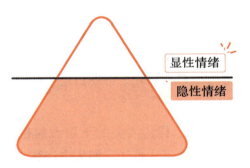

图 2-5　显性情绪和隐性情绪练习 1

练习 2：你的孩子在游乐场因为玩具被抢而差点儿推倒了一个小朋友（小 B），小 B 的家长非常生气，情急之下小 B 的家长推开了你的孩子。此时，你感到＿＿＿＿＿＿＿＿＿＿＿，更深层的隐性情绪还有＿＿＿＿＿＿＿＿＿＿＿。

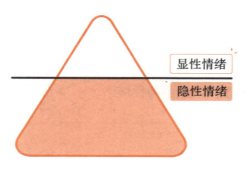

图 2-6   显性情绪和隐性情绪练习 2

让自己感觉更好的两个方法

当我们越来越能觉察到自己的情绪时，越早觉察到，就可以越早地主动做点儿什么让自己感觉更好，而不是等到自己要爆炸的时候被情绪牵着鼻子走。

让自己感觉更好的第一个方法：在情绪事件的当下，觉察到自己有情绪并可能不断飙升时，积极地暂停。也就是在情绪激动的当下，通过一系列方式，帮助自己先冷静一些，给自己的情绪"刹车"。

如第 1 章介绍的那样，人类的下层大脑也叫情绪脑，在产生情绪方面起重要作用，是让我们失去理智、冲昏头脑的地方；上层大脑也叫理智脑，在控制身体、行为，进行思维、计划、决策，处理人际关系等高级功能方面起重要作用。

因此，在你面对任何让你产生负面情绪的情境时，你都可以通过以下两种技巧来积极地暂停。

（1）安抚情绪脑：采用那些可以让情绪舒缓下来、让身体放松、让杏仁核安静下来的方法。比如深呼吸 8～10 次，哭泣和诉说，建立一个特别的冷静角或冷静物，也许是几个靠垫、一幅画、一个小动作或躺在床上自己安静两分钟等。重要的是，我们要及时做点儿什么让自己感觉好起来，可以给孩子做出榜样——"我可以生气，但我需要先暂停一下，做点儿什么让自己好一点儿，避免我做出不理智的事情"。

（2）启动理智脑：采用那些让理智脑启动工作的方法，即让大脑开始思考、投入注意力的方法。比如，默默数数，默默说出当时环境下你看到的颜色都有哪些。

需要注意的是，如果是在人多且嘈杂的环境中，比如超市、餐厅，或正在聚会，则需要首先离开现场和刺激源，到一个相对安静的地方，哪怕是墙角。这往往是在公共场合进行情绪管理很重要的一步。

让自己感觉更好的第二个方法：养成"给自己充电"的习惯。

我曾经在课堂上组织父母们做过一个小游戏。我先在大的挂纸上画了一个罐子，专门来放我们的情绪（如图 2-7 所示），但罐子的大小仅能容下参加者们大约 2/3 的便笺。

我发给每人一张便笺，请大家在第一张便笺上写下让自己生气的一件事。比如：从早高峰的地铁出站后排队上楼梯时，被突然冲下来的人撞掉眼镜；丢了手机；和老公吵架等。大家写完后，我把便笺贴到画的罐子里，边贴边绘声绘色地读出来，表现出相应的语气。直到罐子越来越满，我问他们："罐子要装不下啦，如果继续发生让我们生气的事，你会怎么样？"

父母们纷纷笑着说："要爆炸啦！"

图 2-7   情绪罐子

我又指着贴满"生气的事"的这个罐子说，假设这么多让人生气的事情在一天之内全部发生在你一个人身上，你会怎么样？当你的一天是这样度过的，你还会做一个好家长吗？

所有的父母都摇头，说："不会。我一定会暴怒或者把孩子打一顿，如果他们的玩具没有收拾，作业没有写完，甚至他们压根儿什么都没做，我都想找碴儿，找人吵一架或者干脆打一架。"

我们每天推开门回到家，是否就带了一些"累积的压力"？如果这时孩子又做了一件让人生气的事，你还会做情绪管理吗？情绪管理的那些方法还能被你想起来去用吗？

大概率是不会的，因为我们自己是透支的状态。

于是我让父母们思考：你能做些什么先"照顾好自己"？比如：我会在连续培训3天之后先自己吃一顿好吃的，缓一缓再回家面对孩子；在疲倦的周末，我会在孩子睡着后泡个热水澡，再看个电影来充充电。在我的启发下，父母们纷纷说出了可以给自己充电的事，比如运动、和朋友聊天、遛狗、听音乐、读书、冥想、做按摩，等等。然后我会把之前贴在罐子里的"生气的事"从罐子里面移到外面，在罐子里重新写下这些能让我们感觉好起来的事。最后呈现在大家眼前的是：罐子里不再贴满"生气的事"，而是如何照顾好自己的建议。这是一个很有力的视觉冲击（如图 2-8 所示）。

图 2-8　自我照顾的罐子

活动结束后，父母们都意识到日常事务和压力的累积对我们整个人状态的影响。

有些全职妈妈发现自己无时无刻不在围着孩子、老公、家庭转，每天可能都是满负荷的状态，丝毫没有觉察到自己在透支，哪怕知道自己压力很大，也没有照顾自己的习惯。而有一些全职妈妈不仅能够意识到内心的满负荷状态，还能及时地、主动地去做点儿什么让自己好起来，比如一个人去逛逛街、和闺密约一次下午茶倾诉，或者每周抽一天和老人吃顿饭、看个电影，有固定的和老公享受二人世界的习惯等。这些都是照顾自己的行为和习惯。

希望我们都可以有意识地去觉察、评估自己的能量水平，当我们"电量不足"的时候，能够先去做些什么给自己"充电"，而不是让自己一直处在焦头烂额的透支状态，处在"一点就着"的状态。

积极地暂停是在情绪事件发生的当下，可以让自己感觉好起来的方法；而主动做些什么去照顾自己、取悦自己，是在平时就需要养成的感觉管理的方法。保持自我照顾的习惯，学会从日常事务中抽离出来，可以帮助我们在遇到事情时更加平和。

所以，建议大家花时间思考一下：哪些事情是我喜欢的，我很享受的，可以给自己充电的？把这些事情列下来，或者制作成下面这种"饼图"（如图 2-9 所示），像抽奖大转盘一样，每次在自己透支的时候，能有意识地选一件去做，主动给自己充充电。先照顾好自己，才能在孩子和家人面前做得更好。

每次做这个活动的时候，我都会发现，总有些父母很快就能写出来自己的自我照顾的项目，他们表示自己有几个固定的放松项目，以后会更有意识地去做。也总有一些父母很难写出能让自己放松的事，他们会很有感触地说："原来我从来不会自己主动去做点儿什么来让自己感觉好一点，一直以为孩子不吵闹、老公不乱丢袜子我才能好，原来我可以自己照顾自己，自己取悦自己，哪怕只是点一杯咖啡、逛一会儿街、给自己买一块蛋糕。"

图 2-9　自我照顾选择轮

是的，希望我们平常能够有意识地去觉察自己的情绪，评估自己的能量水平，尽早意识到自己是不是已经焦头烂额了，尽早主动去做些什么让自己感觉好一点儿，给自己充充电。

也希望正在看这本书的你，可以有更多的选择去进行"自我照顾"，更有意识地先把自己照顾好，再去面对日常事务。主动照顾自己，给自己充电，避免我们想控制的时候已经晚了，因为我们也快"没电了"。

因为感受更好，才会做得更好（Feel better，do better）！

你对自己要求太高了

父母不是圣人，当然可以"退步"

在我教授情绪管理课程的过程中，我常常遇到一些父母，他们对情绪管理的理念和方法表现出浓厚的兴趣和认同。然而，当他们尝试将这些方法应用到实际生活中时，往往会感到有些力不从心。他们会告诉我："尽管我努力了，但还是做不到。"当我询问他们具体遇到了哪些困难时，他们会说在情绪爆发时无法控制自己不大喊大叫，或者在冷静下来后，仍然无法有效地与孩子沟通，最终不得不采取惩罚的方式。

起初，听到这些情况，我也会感到一丝无奈。但通过深入的交谈，我发现这些父母其实已经在情绪管理上取得了一定的进步。例如，有些妈妈开始学会在情绪激动时先给自己一点儿时间冷静下来，这是她们以前从未尝试过的；有些妈妈虽然仍然会有大喊大叫的时候，但已经不再说出像"我不喜欢你了"这样伤害孩子感情的话；还有一些爸爸学会了不再用拖拽或推搡的方式来处理孩子的不当行为。

作为心理老师，我深知情绪管理的重要性，也理解父母在实际应用这些理念时所遇到的挑战。我自己作为一个妈妈，也曾在辅导儿子写作业时，因为着急和失望而大声批评他，甚至失去控制地拍桌子。每次发生这种情况，我也会隐隐感到担忧、懊恼，觉得自己没有做到在教授情绪管理时所宣扬的标准。但后来我意识到正是这种"完美控制情绪"的标准，让我们忽略了自己的进步。正如我鼓励父母们的那样，我也开始反思并寻找改变的方法。通过深呼吸、给自己冷静的时间，以及尝试用更积极的方式表达我的期望，我开始慢慢地改变自己的行为。虽然我仍然会在丰收屡教不改或明知故犯的情况下提高声调，但我已经不再拍桌子或破坏物品了。

这个改变虽小，但它代表了一种进步。我不再伤害自己或破坏物品，这减少了对丰收可能造成的负面影响。更重要的是，我开始更多地以身作则，为丰收树立了一个更好的榜样。我学会了更加耐心地对待他的错误，并尝试从他的角度理解问题。

我们必须认识到，我们很难对自己的情绪管理能力完全满意，因为我们往往给自己设定了过高的标准，这很容易导致挫败感。父母并非完美无缺，当然可以在某些时候"退步"，关键是要从自己能够做到的地方开始，追求逐步改善而不是一蹴而就的完美。

这个过程让我意识到，作为父母，我们都在不断学习和成长。我们可能会"退步"，这并不可怕，关键在于我们如何应对这些挑战，并从中学习。每一次的小进步，都是朝着成为更好的父母迈出的一步。通过这样的实践，我不仅在自己的生活中应用了这些理念，也更深切地理解了父母们面临的挑战和他们所做的努力。每个小小的改变都是向着更好的自己迈进的重要一步。

因此，我总是鼓励父母们，即使你有时候无法完全控制自己的情绪，说出了不该说的话或做出了不该做的事，但只要你能在下一次尝试中有所改变，哪怕是微小的改变，比如多等了两秒钟、多深呼吸了一次等，都是非常不容易的进步。每一次的小进步都可能伴随着"挫败感"，但请相信我，那并不是真正的挫败，而是你实实在在的成功。

从能做的做起，节制一点点

在我的课堂上，我会请父母们做下面这个练习：对照下面的表格，思考和整理你对自己的负面情绪的接纳程度及其相伴随的言行，并思考哪些是需要节制的言行（如表 2-6 所示）。

表 2-6   负面情绪接纳程度及言行练习

我的负面情绪	接纳程度（0～10）	常伴随的言行	需要节制的言行
生气	7	大喊大叫 摔东西，拍桌子 拉孩子，推孩子	摔东西 拉孩子 推孩子

关于表格的内容，你可以这样填写：

"我的负面情绪"，比如焦虑、无助、有压力、委屈、懊恼、后悔等。

"常伴随的言行"，比如抖腿、唠叨、抽烟、吃东西、购物等。

"需要节制的言行"，比如摔东西、打孩子的脸、扔孩子的书包、烧孩子的作业本、推孩子去大海（新闻里一些父母的做法）等一切过激的行为，以及"脑子有病""妈妈再也不要你了"等一些贬低、带有侮辱性的言语等。

这样的练习有助于我们意识到每个父母都有自己成长和进步的路径。不要过于苛求自己，也不要将自己与他人进行比较。给予自己宽容和理解至关重要。当父母能够接受自己的情绪并努力改善时，他们实际上已经在进行情绪管理。没有人能一夜之间改变自己的习惯，尤其是那些根深蒂固的反应模式。每一个尝试改变的行为都是值得称赞的。

最重要的是要记住情绪管理是一个长期的过程，不要期望一蹴而就的完美。每一次的小改变都是一个胜利，即使是微小的进步也是值得庆祝的。相信自己的能力，持续努力，你会逐渐变得更加熟练和自信。

人们的普遍期望可能让父母感到有压力，但重要的是要认识到，成长和进步常常是非线性的，它们包含了前进和偶尔的回退。它们都对个人的情绪成熟度和家庭氛围的改善有着深远的影响。成为父母并不意味着立即就能完美掌握所有技能，特别是在情绪管理这样复杂而微妙的领域。通过逐步学习在激动时停下来深呼吸，使用更有建设性的沟通方式，以及摒弃惩罚式的互动，父母不仅可以提升自己的情绪智力，也可以为孩子树立积极的榜样。

其实，你并不想控制情绪

在教育子女时，父母有时难以控制情绪的最后一个原因可能较为隐蔽。通过多年的家庭教育咨询与深入访谈，我发现许多父母实际上并不愿意去控制自己的情绪，或者不愿意承认在某些时刻，自己其实并不想控制情绪。这种不愿意控制情绪的心态背后，隐藏着几个原因。

（1）**报复心理**。当孩子表现出不听话的行为，如哭闹、摔玩具或抢东西过程中推倒别人时，父母可能会觉得应该给孩子一点儿颜色看看，哪怕这意味着要用恶语相向或拖拽孩子的方式。这种报复心理源于孩子的错误行为，父母认为让孩子感到痛苦是理所当然的。

（2）**不甘心**。父母可能会觉得自己总是在做出改变和妥协，而孩子却似乎没有相应的成长。例如，父母可能认为，如果孩子能够先好好完成作业或不再乱丢臭袜子，他们才愿意改变自己的态度和行为。这种心态往往忽视了作为成年人应承担的引导责任，也可能导致孩子感受到压力而非动力去改进自己。

（3）**归咎于孩子**。父母有时会将自己的愤怒归咎于孩子，比如当孩子反复犯同一个错误，父母感到耐心用尽、失望透顶的时候，或者当父母认为孩子应该能够知错就改，但孩子却始终不认错的时候。父母认为如果孩子表现得更好、更听话，自己就不会发火。因此，父母可能会觉得自己的情绪爆发并不是自己的责任，而是孩子的行为所致。

这些深层次的原因可能连父母自己都没有完全意识到，它们潜藏在潜意识之中。如果父母不能从意识和潜意识层面都认同情绪管理的重要性，那么任何关于情绪管理的方法，以及后面我们要谈到的理解孩子情绪发展、社交发展的知识，都将无法发挥应有的效果。

因此，父母需要认识到以下几点：

首先，情绪管理是个人的责任，每个人都需要自己去节制言行。这意味着我们不能把自己的情绪失控归咎于他人或环境，而是要学会自我调节和控制。自觉地管理自己的情绪，我们才能更好地与他人相处，建立良好的人际关系。

其次，即使生气有其合理性，也需自我控制过激的言行。有时候，我们可能会出于某些原因而感到愤怒或不满，这是正常的情感反应。然而，我们必须意识到，过度的情绪表达可能会伤害到他人，甚至破坏关系。因此，我们需要学会在生气时保持冷静，控制自己的言行，避免做出过激的举动。

最后，只有真正愿意去做，才能有效地进行情绪管理。这意味着我们需要主动去学习和实践情绪管理的技巧和方法。我们可以寻求专业的心理咨询师的帮助，阅读相关的书籍或参加培训课程，以提高自己的情绪管理能力。同时，我们也需要在日常生活中不断练习和实践，只有这样，才能真正掌握情绪管理的要领。

除非父母内心真正愿意去控制和管理自己的情绪，否则所谓的情绪管理技巧和方法都将无法发挥作用。这是因为情绪管理需要我们的主动性和决心，只有真心想要改变自己的情绪状态，我们才能够有效地运用各种方法和技巧。因此，作为父母，我们应该时刻提醒自己，情绪管理是一项重要的责任，需要我们积极主动地去实践。只有这样，我们才能够更好地与孩子沟通，建立和谐的家庭氛围。

第3章

觉察亲子互动模式，重塑信任关系

　　很多父母在知晓了上一章谈到的父母情绪管理的 4 个障碍之后，会告诉我："原来我可以生气、可以着急，我再也不会因为自己有情绪而感到羞愧了。"同时，他们开始把情绪管理的着眼点放在"节制言行"上，从最有可能改善的言行开始，小步一台阶，效果非常好，甚至还举一反三，运用到了其他亲密关系中。比如，有位妈妈告诉我，她原本会控制不住当着孩子的面和丈夫吵架，甚至一生气就说狠话，口头禅经常是"神经病""白痴"，丈夫也会恶语还击，甚至互相进行人身攻击。后来，他们来到我的父母课堂，学习情绪管理的课程一个月后，他们先做到了不在孩子面前大吵大闹，而是请老人照看好孩子，两个人去车里吵，并且彼此监督，都不能再说"神经病""白痴"这样有伤害性的词，而是换成"我觉得莫名其妙""我就是不能接受"这样的语言。丈夫还提出"发短信吵架"的方式，因为有时候看到妻子"面目狰狞"甚至"歇斯底里"的样子，他很难控制自己不说出过分的话。可见，作为成人，我们只有有足够的意愿去节制自己的言行，才会想出更多办法，改善才会真切地发生。

在咨询和课堂教学实践中，我也发现，有另外一些父母仅仅知道情绪管理的障碍在哪里是不够的，他们还需要了解更加宏观的亲子互动模式。我们先来了解一下为什么在现有育儿理论和方法的支持下，我们与孩子的互动模式没有本质上的转变，亲子之间仍旧沿袭着旧的模式。

为什么学了那么多育儿知识，效果却不理想呢

很多父母也会去学习一些儿童心理学知识，经常看一些专家的育儿文章，他们会从中得到启发，还会把学到的理念、方法运用到自己的孩子身上，但时常来和我说：

"为什么我学了那么多育儿知识，效果却不理想呢？"

"我不是一个暴虐无脑的人，有时候也知道自己不对，我积极学习儿童发展心理学，除了上班，我其余的时间都在关注和学习各种育儿公众号，阅读很多育儿书，可以说看过很多道理，学了很多方法，也用过很多方法，但这也更造就了我的痛苦，那就是——没用，没有用！那些方法对我家孩子都不管用。"

"那些会教育孩子的人就不说了，感觉有些人没有我这么努力，孩子都比我教育得好。是啊，我就是一个失败者，学习都是白费，时间都浪费了，到头来反而让自己更痛苦。"

我能感受到他们满满的失望、挫败和委屈，我也很想知道是什么让他们感到"自己的孩子是油盐不进的""好方法都是无用的"。于是我与每个家庭做访谈、做咨询，还原每一个育儿场景。我发现大部分家长都会在情绪失控、亲子冲突爆发之后做自我反思，甚至会内疚、后悔，进而去看书学习，努力调整好情绪，再次应对孩子带来的挑战，但往往又再次受挫，于是他们会更加愤怒，情绪管理再次失败。同时，我也发现了"育儿新方法"无用或只会暂时有用、很快失效的原因通常有以下两个。

孩子习惯了旧的互动模式

一位 21 月龄孩子的家长曾经给我留言：

"我儿子 21 个月了，最近特别喜欢吐口水，我骂他，他还笑，反而吐得更厉害了。后来，我参考了 Eleven 老师教的应对'扔东西'的方法，不理他，平静地擦他的口水，告诉他吐口水要用纸巾包着，还示范给他看，一开始他还听，可几个小时后他继续吐，给他纸巾也不要。然后，继续重复、继续失败。请问我该怎么办呢？"

这位家长看到过一个应对孩子乱扔东西的好方法，觉得有道理，想试试，但新方法有效却不持久，于是他就又崩溃、发飙了……为什么新方法起初见效，却很快"反弹"呢？

因为孩子习惯了旧的互动模式。比如，这个 21 个月大的孩子吐口水时，父母骂他、瞪他，他笑着继续吐。这一来一去已经持续了一段时间，孩子已经习惯了吐口水的行为，即使父母做出了改变，不再像往常那样批评他，而是做出新的反应，平静地给他擦口水，这个孩子也只会在前几次给出新的反馈：觉得新鲜，没有再吐。但很快他就又回到了过去的习惯里。

对于一个 21 个月大的孩子，当父母用了新的方式，开始冷静回应、正面示范时，孩子当时的感受变好了，行为也就跟着变好了，尽管并不持久。但如果你面对的是处在幼儿园、小学阶段的孩子，他们就不一定能马上做出新的反应了，很可能什么都没有改变。

因为随着孩子年龄的增长，他们的感受会比婴幼儿更隐蔽，更不易被察觉，他们对自己行为的控制力也更强，更有可能维持自己原有的模式。当他们的父母改善了教养方式，尤其在一开始调整了语言方式，开始对他们耐心引导的时候，**他们的感受可能变好一点儿了，但是并不会马上配合父母，所以父母看不出孩子的变化，只会觉得孩子的言行举止还是老样子。**

其实只要父母做出了改善，孩子的内心是一定能感受到的！只不过很可惜，父母往往很快就被孩子的老样子挫败了、刺激了……又启动了旧的亲子互动模式。况且之前孩子有过很久被挑剔、被否定、被严厉对待的糟糕体验，这些糟糕的体验不会马上消失，消极、敷衍、不良的行为更不会立即消除。因为孩子不是简单的机器，他们的感受和行为都需要时间去慢慢变好。对于成人来说，学习和掌握一个新的方法并实践出来有时候很容易，但孩子却需要撤掉一个旧的行为，并对父母有可能给予的积极反馈深信不疑，这显然对孩子来说并不容易。

还有位妈妈在我的情绪管理课程中学习过要用"我句式"（即以"我"开头的句子）表达自己的感受、想法、期待之后，回家跃跃欲试。之前她每次都是用指责的口气催促自己的孩子："你怎么吃饭这么慢啊！你太磨蹭了！你就不能大口大口地吃吗？"而这次她换了新学的"我句式"，她说："我很着急。看到你吃了一口就停下来玩食物，我很担心我们会迟到，我希望你大口大口吃。"但遗憾的是，她 4 岁的孩子并没有马上表现出她想象的那种马上大口大口吃的画面，而是木讷地抬起头看了她一眼，然后依然慢悠悠地边吃边发呆。这位妈妈失望极了，她很快下了结论：新方法没什么用。这位妈妈尝试了新的方法，却没有得到她想要的结果，那她还要不要坚持新方法呢？

当我在课堂上问父母们这个问题时，大部分父母都说要坚持。被提及最多的原因有：妈妈的期待太高了，没有马上见效很正常，孩子还不适应，新方法要多坚持几次等。确实，当我们换了一种沟通方式后，会下意识地希望立马见效。但这个期待就像希望在孩子身上安装一个开关，一按按钮，孩子就能如我们所愿。如果真的是这样，那就太神奇了。大家觉得可能吗？大部分情况下，不可能，因为孩子习惯了旧的互动模式，他还在自己的"惯性"里，依然会用之前的外在行为来回应你，但孩子的内心感受却发生了变化。就像上面这位妈妈在用新的"我句式"表达情绪而不再用指责式的"你句式"时，至少在那一刻，孩子的内心没有像往常一样感到烦躁、生气和抗拒，虽然孩子从表面看并没有明显的变化，但他内在的感受已经有了不同。如果妈妈能持续用这种不让孩子感受更糟的方式，孩子就能更有精力去体会妈妈的心急和担心，而不是去对抗或逃避，这样，孩子的新的应对方式才有可能发生，良好的内在感受才会外化为合作性的行为。

孩子在试探"你是真的变了，还是假装的"

还有一种情况会让新方法不能马上见效，那就是孩子在试探"你是真的变了，还是假装的"。

当我们开始用新方法时，尽管我们的语言是新的，说出来的话是新的，但神情神态、语音语调、肢体语言可能并没有跟着改变，我们在孩子眼中可能依然是高姿态或"披着羊皮的狼"。一开始，孩子可能会觉得新鲜或突兀，随即会有点儿怀疑：妈妈这句话是真的假的？今天的妈妈怎么了？今天的爸爸只不过是在强装镇定和温和吧？说不定下一秒他们就会变回原形了。因此，孩子会不断试探，看一看你是否真的改变了。我们之前在用旧模式与孩子互动，比如我们指责，孩子反抗或逃避。当我们用了新的模式，开始直接表达自己的情绪、正面说出自己的期待时，孩子也需要时间适应，进而才能做出新的反应。

这时候，我们一定会感到很挫败，尤其是在我们希望新方法能一劳永逸的时候，进而我们很容易再次被激怒，开始生气，旧的"控制与反控制的模式"又开始了。

我们还需要结合其他方法继续探究和学习。任何一个亲子问题都是独特的，我们需要充分还原现场，具体问题具体分析。比如：

- 先和孩子修复关系，对他说："之前我们骂你、责备你，让你很生气，对不起。因为我们太着急了，吐口水这个行为我真的不能接受。我们可以抱一下吗？"

- 给孩子温和地讲解一些知识，但要注意，不要让它变成说教。比如"唾液为什么会不卫生，为什么吐口水别人会不高兴，向别人吐口水会有什么后果，"等社交性的知识。

- 猜测孩子行为背后的动机。你可以问："你这样吐口水是因为无聊吗？想让我们陪你玩吗？还是我们之前做了什么让你不高兴？"然后根据孩子的回应找到行为背后真正的动机。

- 陪孩子玩其他更有意义的游戏。告诉孩子："吐口水不是游戏，我觉得不好玩，我的感受很不舒服。"然后邀请他与你合作，你们可以玩抛球等游戏，让他适当忽略吐口水这件事。

理念和态度都是认知层面的，一旦我们决心去尝试改善，你会发现，好多旧的思维习惯和行为习惯确实很难改变。**外在的方法和技巧在孩子那里是很容易被识破的，除非我们已经从根本上改变了亲子间的互动模式。**

觉察亲子互动模式

有位妈妈告诉我，打骂过孩子之后，她和丈夫会无比后悔和懊恼，但是心中也不乏气愤。

"不是第一次了，因为上小学的儿子的学习问题，我不止一次歇斯底里地爆发，发生过扔书包、拍桌子、掀桌子、推搡孩子、打孩子的情况，说出来我特别惭愧，恐怕外人谁也看不出我会这样。"

"我内心的痛苦在于，我知道不应该这样，但是每次看见他那副样子——你用尽了心思想好好开始，耐心费力地辅导他，但他却是一副非常厌烦、特别消极的样子，真的特别刺激我，让我特别无助、痛苦，我的愤怒也一发不可收拾。"

"我觉得，别人家的孩子都是好孩子，家长自然心情好，不会打骂孩子。但我的孩子真的不听话，老惹我生气，我的打骂可能会让孩子更差劲，我该怎么办？"

"我并不是要解决孩子的学习问题，而是要解决我的情绪陷入恶性循环的问题，因为我觉得，这更多是我的问题，不是孩子的问题。"

这样的恶性循环让很多父母和孩子深陷其中：你对孩子有要求，孩子做不到，态度不好，甚至激怒你，你情绪管理失败，甚至感到孩子不尊重你，你暴力对待孩子，孩子更加疏远你、敷衍你。你开始后悔反思，学习一些新的管教方法，试图调整自己、好好沟通，但发现收效甚微，孩子没有很大的进步，甚至和以前一样态度不好，你又被激怒了，你的情绪管理又失败了，暴力可能升级，你的自我否定和自我怀疑也在蔓延……

如果你发现和孩子之间因为一件事，经常会出现这样的恶性循环，那说明，你需要先从宏观上看清楚你们的亲子互动模式。

孩子的反叛其实是有力量的表现

和很多父母、孩子访谈后，我发现，一些孩子其实很健康，因为孩子在坚持表达一件事："我就是我，我可以和你希望的不一样。"

很多孩子会想：

"上次你打过我之后，有跟我道歉吗？"

"今天你想好好说，想从头开始了？谢谢，我还没准备好。"

"你干脆在我身上装个按钮好了，'不要摸橡皮，不要玩笔盖'，甚至我的表情、手势、语气、回应你的速度……你都可以精准设定。"

"你看，最终你还是歇斯底里、'原形毕露'了，那我还不如继续做个'绝缘体'。"

"你热，我就冷；你着急，我就不在乎；你变好一点儿了，我再看看……"

其中有些想法是潜意识的，孩子未必能意识到，也说不出来。因为在"禁果效应"和"超限效应"的作用下，人的潜意识会启动自我防御机制，比如，对父母的反复提醒或严厉纠正表现出冷漠、敷衍或自暴自弃的态度。

禁果效应描述了一种现象，即在我们施加禁令时，往往会有人出于强烈的好奇心和逆反心理，不顾一切地违反这一禁令。这种心理现象可以追溯到人类的天性，特别是对于未知事物的探索欲望和对权威的反抗倾向。比如，父母禁止孩子玩某些电子游戏或观看特定类型的节目。尽管这些规定是为了让孩子健康成长，但孩子们有时会因为好奇或想要挑战规则而偷偷进行这些活动。当父母发现孩子偷偷玩游戏并因此愤怒地打孩子，随后还加重了对孩子的惩罚时，孩子可能会因为这种强烈的负面刺激而产生超限效应。

超限效应是一个心理学概念，即当个体遭受过度、强烈或持续的刺激时，可能会产生一种心理上的麻木反应，类似于皮肤因反复摩擦而形成老茧。这种心理防御机制有助于人们在面对连续不断的压力时，通过减少对刺激的关注来保护自己的情绪和心理健康，避免感到羞耻或产生其他不愉快的情绪，防止情绪崩溃。例如，他们可能会开始忽视父母的责骂或惩罚，将其视为背景噪声，从而保护自己不受到严重的情感伤害。

自我防御机制下的自我保护

自我防御机制是西格蒙德·弗洛伊德（Sigmund Freud）首次提出的，后来他的女儿安娜·弗洛伊德（Anna Freud）对这个理论进行了深入的研究。弗洛伊德认为，当我们用理性的方式无法消除焦虑时，就会采用非理性的方法来减轻焦虑，这样做的目的是保护自己，避免身心受到伤害。简单来说，就是当我们面对无法解决的问题时，会采取一些非理性的方式来保护自己，避免自己受到伤害。

自我防御机制主要有两个特点：其一，它是在无意识水平下进行的，因其具有自欺性质，所以是一种潜意识层的自卫；其二，它往往具有伪装或者歪曲事实的特点，其作用在于保护自我不至于因焦虑而产生疾病，它在防治心理疾病中有积极的作用，但没有道德上欺骗的含义。

从心理健康的角度来讲，当孩子出现前面提到的冷漠、敷衍或自暴自弃的表现时，其实就是一种自我保护。简单地讲，你焦虑，孩子就防御：

"我凭什么要听你的指挥？你要在我身上装个按钮吗？"

"你只是希望我认同你，看重你看重的，让你满意，却不顾我的感受。"

"既然我总是不能让你满意，那还不如就做自己，让自己舒服一点儿。"

所以，孩子真正对抗的是被控制、被驱使的感觉，他们需要成为自己，需要体验到自己的力量。

顺从与反抗的内在动因

如果一个孩子不能体验到他的自主性，小时候像一只牵线木偶一样，父母要求怎么做就怎么做，长大了像一台做题机器一样，让练多少遍就练多少遍，还不能抱怨——这种感觉是非常难以忍受的。

有些孩子只有在顺从父母之后，才会获得父母的认可和关爱，那么他们就会倾向于在被否定、被批评、被控制的时候，压抑自己的力量，选择讨好父母，避免被嫌弃、被冷落甚至被抛弃的痛苦。这些孩子渐渐地放弃了施展自己的力量、表达自己心声的权利和意愿，短期内可能亲子关系尚可，但长期来看，孩子的自我意识、自我力量感、自信心都受到了一定程度的削弱。到了青春期，孩子的自我意识再次萌发，在这一世界观、价值观、人生观确立的关键期，孩子很有可能出现"想独立、想施展自我力量"又"依赖过多、自信不足、怀疑自己"的矛盾。

我接触的很多初中的孩子都存在这样的心理冲突，由此导致学业受阻、学校适应困难，以及焦虑、抑郁等情绪困扰。他们被动地、拼尽全力地不断去满足父母、老师等外在权威的期待，并且无论他们做得多好，他们的内心都觉得自己不够好。同时，他们也特别害怕失败、恐惧犯错，担心自己不如别人，担心让父母、老师失望。在他们还没有足够的能力离开父母、独立生活的童年和青少年时期，一直被父母驱使着、要求着，甚至嫌弃着，他们认为自己和父母相比是虚弱的、没有力量的。但有一些孩子会在被否定、被批评、被控制的时候选择施展自己的力量，和父母、老师等权威用各种方式对抗。

一位遇到数学难题的小女孩，每当她做错题目的时候，一直帮她辅导数学的爸爸就会很凶地责备她："上次不是做对了吗，这次怎么又不会了？你看你的知识点还是掌握得不牢固，还要继续练！"于是拿来更多的试卷让小女孩马上练习。可想而知，在学业受挫的情况下听到爸爸居高临下的训斥，小女孩会有多烦躁，于是她大声对爸爸喊："就知道吵！你怎么这么吵？！"然后拒绝继续练习。这位爸爸更生气了，觉得孩子在顶撞他，于是继续施加压力，把孩子锁在屋子里，要求她练习，小女孩大哭不止、大吼大叫、敲门砸桌子，爸爸也不甘示弱，一把把门打开，撕了孩子的试卷，认定了孩子是态度不好，学习不够主动……从此之后，这个小女孩很少直接对爸爸发脾气了，但每当爸爸给她辅导数学作业时，她都会用默不作声的方式来进行消极抵抗。

让父母没想到的是，没过多久，这个小女孩开始在学校跟数学老师对着干，只要数学老师开始发练习册、发试卷，甚至仅仅走过她身边看了一眼正在写作业的她，这个小女孩都会非常厌恶地对老师说："看什么看？有什么好看的？""又做卷子，这个学校真无聊，我要换学校！""做题做题，天天做题，我恨死这个学校了！"老师和孩子的父母反映这种情况之后，父母找到我做咨询，我和孩子、孩子的父母访谈后发现，孩子把在爸爸那里感受到的"被强压""被否定""被驱使"的愤怒转移给了数学老师，因为数学老师代表学校环境下的权威。这确实让数学老师难堪，但从孩子身心健康的角度来说，她选择无意识地释放了学业的压力、自己不够好的挫折感，表达了自己内心的不满和焦躁，虽然是气话，但展现了她的内在力量，引起了老师、父母的重视。我对这个女孩的妈妈说："目前的状况其实还好，孩子还愿意表达，虽然方式方法不对，但这种厌倦、不满、愤怒的情绪没有转移到她自己身上或别的孩子身上。"

妈妈听了很触动，孩子虽然用了不恰当的方式对权威表达不满，但这也是对高压的一种反击、一种自我保护、一种看似刚强实则脆弱的表达。妈妈意识到爸爸太焦虑了，在家确实会因为孩子的学习而简单粗暴、口不择言，一旦和孩子产生矛盾，会不惜牺牲孩子的睡眠时间，一定要在孩子哭完之后，继续做题到深夜……

那作为父母的我们为什么会焦虑？因为我们受不了孩子是"失控的"。在你尝试调整自己、努力变耐心之后，如果孩子依然没有改变，我们就会更生气。

被激怒的你只是受挫了

"那些发展理论，'正面管教''不要贴标签''要商量制订规则'什么的，我能说我的孩子软硬不吃吗？发脾气就是我无能的表现，我能对孩子努力做的那些，已经是我的能力上限了，我只能承认这就是我的水平了，其他的我做不到，我真的做不到时刻保持微笑。"

"我本身也有问题，育儿先育己，我空研究那么多，失败后只会更受挫，我太不适合养孩子了，但是我是妈妈，没法逃离。怎么办？"

很多父母越努力越挫败，越挫败越容易情绪失控，导致亲子关系紧张。因为他们的头脑吸收过很多理念、道理和方法，但更多的只是抽象的概念，比如"温和而坚定"。当孩子的言行再次不受控、不如愿时，父母会感到深深的挫败，挫败感会激起内在的羞愧，这时候父母很容易选择去攻击孩子这个人，或者找另一个"替罪羊"，比如孩子的爸爸、奶奶或其他人来发泄、责怪甚至转移攻击。

挫折–侵犯理论是由约翰·多拉德、尼尔·米勒及其同事于 1939 年提出的。该理论认为，侵犯行为总是以挫折为前提，挫折会导致某种形式的攻击。然而，后来有学者质疑这一理论，因为有些人在受挫后并未表现出攻击行为，这使得该理论无法解释这一现象。为了回应这些质疑，米勒等人对该理论进行了修正，认为挫折可能引发多种反应，而攻击行为只是其中之一。

不同性格的人可能会对挫折产生不同的反应。性格畏缩、胆小的人在遭受挫折时可能会选择非攻击类的反应，如回避或退缩；而性格比较豪放的人在遭遇挫折时爆发攻击行为的可能性就比较大。这种攻击性的触发可能导致两种不同的后果：一是对外的攻击，其目标可能是直接造成挫折的来源，或是与之无关的其他对象；二是向内的自我攻击，如出现自我伤害等行为。

孩子也一样，大量羞耻感的挤压很有可能导致孩子再次对外或对内攻击。比如再次和父母对抗、言辞激烈，或者变得抑郁、情绪低落，产生自我贬低、自我怪罪的言行。有些孩子也会选择一个"替罪羊"，比如在学校把怨气发泄在同学身上，打架甚至霸凌别的更弱小的孩子。

替罪羊理论描述了一种现象，即当人们遇到挫折并感到愤怒时，他们并不总是直接对造成挫折的人或事进行攻击，而是会将这种攻击转移到其他人或其他事物上，这就是所谓的目标转移。有时候，出于某些原因，人们无法直接对抗那些给他们带来挫折的人或事，于是他们会寻找一个替代者来发泄自己的不满。即使挫折或烦恼的原因不明确，人们也可能会故意找到一个对象，把自己的不幸归咎于他并进行攻击。通常，这个被选中的"替罪羊"是一个相对弱势的个体。通过这种方式，人们实际上是在寻找一个替代者来满足自己防御性的攻击行为，以此来缓解自己的挫折感和烦恼。

我在咨询中发现，父母在被孩子的老师告状、批评，甚至以不尊重的方式贬低之后，焦虑水平急剧上升，这时候他们回到家就要开始和孩子算账了。

作为孩子的监护人，父母肩负着不可推卸的教育责任，同时，当孩子在校表现不佳且屡教不改时，他们往往承受着来自老师和学校的巨大压力。

"怎么会这样？！总要有人承担后果吧？"这是人类特别大的一个思维惯性。家长可能成为"替罪羊"，孩子更是经常成为"替罪羊"。很多家长告诉我，他们对老师的态度特别好，每次都积极配合老师，回家教育孩子，但如果"配合"了两三次还没有完全好，老师就会质问家长："你管了吗，你管了怎么还没用啊？"每当这个时候，大部分家长就坐不住了，开始焦虑、自责、羞愧、抓狂……

从受挫中看见教育的切入点

有一个家长让我印象特别深刻，她面对同样的场景时，内心也是有焦虑的，但她依然比较淡定地对老师说："那就继续教育啊！"老师停了几秒，有些吃惊。这位妈妈继续说："那就继续想办法，一定可以搞定的，我要搞定的是这个问题，而不是孩子，孩子不需要被搞定，我相信我的孩子。"老师愣住了，没有说话。但从此之后，这位妈妈开始尝试用各种孩子能理解的语言解释为什么在幼儿园要遵守规则，给孩子补足老师、同学等外部视角，刷新了孩子的认知，并且随着孩子年龄的增长，大脑发育趋于完善，孩子的行为自控力在中班、大班时得到了提升，老师对孩子刮目相看，还给孩子颁发了奖状，肯定了孩子的进步。

老师总是希望与家长沟通之后能够立竿见影，家长着急上火也很正常，但如果方式不当，把孩子逼得更受挫，让孩子产生了羞耻感、自卑感，会更加阻碍孩子专注学习、改善言行。一个焦虑的大脑会发出错误的信号，动机过强、用力过猛，简单的题反反复复就是错，越想遵守规则越发现自己控制不住自己，这正是紧张情绪和不自信的心理对孩子的学习、生活的重大影响。因为孩子的认知升级、能力提升需要时间，如果孩子过于紧张，不断挫败，经常感受到羞愧，就会对自己失去信心，这是最让人担忧的。唯有建立起"我可以控制自己""我可以做对题目"这样的自信心，哪怕就一点点，孩子也可以像滚雪球一样，不断积累小成功，进入良性循环。

做孩子的"教练"

不要把孩子暂时的行为不当归因于"你性格不好"甚至"你这个孩子不好"，批评孩子的时候要告诉孩子："你不等于你的言行，妈妈永远爱你这个人，你是我最好的宝贝，妈妈指出的是你的言行，这是需要改善的。"

不要做"法官""检察官""训教员"，而要做孩子的"教练"，想办法启发孩子去理解成人世界的基本道理，增加孩子的外部视角，相信孩子会认同，这才是核心。一般来说，如果亲子关系足够好，孩子都会倾向于"听父母的话"，即认同父母。

孩子越小，越谈不上性格缺陷，大部分不当行为都是与其年龄相称的适龄行为，比如：缺乏知识、技能的行为（无法站在他人、社会的视角去理解为什么要那么做）；因失望而产生的冲动性行为（大哭大闹、打人咬人等）；发展适应性行为，即随着年龄的增长和适应能力的提高，慢慢会好起来的行为（夜醒、"抱睡""奶睡"、尿床、分离焦虑、自控力不足等）。

孩子从家庭走向社会，接触新的同伴，进入学校，面对不同的老师、同学，孩子总是遇到不同的人、不同的环境，会有新的规则需要适应，这对他们提出新的要求，孩子的能力需要不断拓展，孩子的认知需要升级，父母应该做的是协助孩子不断理解新的道理、更具备他人视角。当孩子不遵守规则、自控力不足时，大人很容易站在道理的那一边，因为理解道理对大人来说很简单，但对孩子来说其实很难。他们要不断打破自我中心，需要靠我们的讲解、反复强调，才能逐渐调整自己的认知，理解道理和规则，不断发展自己对父母、他人和规则的认同，以此来调整自己的行为去适应环境和社会。

因此，父母需要觉察自己和孩子的关系，你是和道理站在一边，一直试图去把孩子拉过来，让亲子关系像拔河、拉锯战一样紧张，甚至一直试图征服、打败孩子，还是和孩子站在一边，一直协助他去理解道理、增强他适应环境和社会的自信心呢？

如何更好地觉察亲子互动模式

在觉察自己和孩子的关系时，如果你是和道理站在一边的，那就需要调整站位，更多地和孩子站在一边。因为即使是成人，到了新的环境，接触了新的人，遇到从未遇到过的甚至颠覆三观的事，都一样会出现认知失调、情绪失控、行为不当等现象。有些成人能慢慢适应，或能选择回到自己的轨道，与环境保持距离但可以共存；有些人就非常不适应环境，他们会选择拒绝或与环境敌对起来。即使是不适应环境，成人的选择还是更多一点儿，他们可以换公司、可以搬家，但孩子不同，他们只能依赖父母，无处可逃。如果父母和孩子的关系是敌对的、充满斗争性的，那么孩子要么发展出"假性自我"去委曲求全，要么就会选择和家长持续对抗。

觉察之后，就要重塑和孩子的关系了，处理的核心是：接纳孩子的情绪和愿望，但要节制言行，并且花时间刷新孩子的认知、训练孩子的言行。不要有归咎于这个人如何如何的想法，这种归因方式恰恰会把孩子的性格早早固化。很多时候不是人有问题，而是人遇到了问题，我们要一起搞定问题，而不是搞定孩子。

常告诉孩子"你不是要听谁的话，而是要听你自己的话，当你自己觉得那样做是更好的，你自然会去做，只要你想，你就会做到"。增加孩子调整言行的意愿，增强孩子的自主性，赋予他主导自己言行的权利。始终和孩子站在一边，对事不对人，这一点至关重要，不要轻易把问题归咎于孩子，要给孩子留下思考、理解的空间，激发孩子想学、想练、想去调整言行的动力，让孩子体会到新的成就感。

不要让任何一方成为"替罪羊"

这里需要特别注意一种常见的父母处境，即当父母自己成为"替罪羊"的时候，他们很难成为孩子的盟友，而是很快又变成了孩子的"敌人"。比如父母被孩子学校的老师投诉，感受到了不被尊重，甚至羞愧和愤怒。这时候父母很容易忘记和孩子站在一边，而是把羞愧和焦虑传递给孩子。

在我接触的咨询案例中，曾经有一位高校教授被女儿的数学老师告状，说孩子粗心、订正过的题目还是错，老师还很不客气地把这位"教授爸爸"教育了一番，这位爸爸感到有些颜面扫地，也想马上回家批评女儿，好好训她一顿。但他在开车回家的路上突然意识到老师只是因教学目的受阻而心情不好，老师的目的就是让他难受，因为这背后的常见逻辑是"让你痛苦，你才能重视"。这位爸爸意识到他正携带着老师移交过来的沉重的痛苦、羞愧、愤怒，赶着回家一股脑儿全部倾倒给女儿。于是，他找了个停车场，把车停了下来。

等自己平静下来之后，回到家，他没有马上批评和训斥孩子，而是照常和孩子一起吃晚饭，孩子知道爸爸见过老师了，看到爸爸如此淡定，反而不安和好奇起来，问："老师说什么了吗？"这位爸爸说："老师说你的态度还是好的，只是不清楚哪里遇到了困难，希望你可以自己分析一下如何提高。需要老师、父母协助你做点儿什么吗？"孩子很吃惊，她第一次感受到："原来我才是学习的主人，爸爸没有像老师那样审判我，让我难堪！"在此之后，孩子更愿意和爸爸诉说自己的困难，以及对学习数学的恐慌。他们更加信任彼此，并且找到了孩子一直以来在学习上存在的问题。

大家会发现，那位爸爸如果回去继续训斥他的女儿，势必会把羞耻感和愤怒传递下去，这是他后来试图去避免的。我经常和父母分享：我们要尽可能帮孩子扛下这些东西。羞耻感是所有负面情绪里能量级最低的，也是焦虑和自卑的来源。

那位爸爸后来在我的一次给父母的公开课上提到这件事，他说："我的孩子已经从老师的批评和我的沉默不语里感受到了不安和羞愧，当时，我只希望不要再雪上加霜了，我相信我的孩子知道错了，我要帮她扛的不是挫折本身，不是那些做错的题目，而是挫折感，准确地说是因为错误和失败而受到权威斥责的羞耻感。"

我们通常很难做到对事不对人，批评人的言行时总是顺带把人也讽刺了、挖苦了，甚至羞辱了，这才是问题。希望我们在教育孩子时，聚焦在怎么做更好，而不是一味指责"你怎么这么差劲？你真的是屡教不改"，否则，语言暴力、人格侵犯就会被传递下去。孩子才是这个世界上最底层的受害者，孩子受了伤害，他可能会去虐待动物或者霸凌更弱的孩子……

父母需要在情绪上尽可能地净化孩子的心灵，不要让孩子有太多的恐惧和焦虑，尤其在学龄期，面对学习的压力、社交的冲突、师生的矛盾等，父母需要首先觉察，你是在专心搞定孩子，还是在协助孩子专心审题，聚焦于解决问题。在师生关系方面，父母也需要尽可能保护老师和孩子之间的关系，让孩子知道老师只是针对问题本身，而不是针对孩子个人。同时，补充孩子的外部视角，比如老师的视角、其他同学的视角、集体的视角、规则的视角等，协助孩子站在多视角理解为什么老师当时会那么生气、会那样表达，以及自己为什么需要做出改善。然后父母和孩子一起解决问题，鼓励孩子轻装上阵，积累小成功，重塑自信。

孩子做得不够好的时候，才是考验父母智慧和家庭温度的时候。

你可以减少你的温度，但不要冻住孩子的心。过多的负面情绪会干扰孩子的认知，降低他的专注力和学习效率。

学习会很辛苦，孩子的心至少要是温的。

希望谁都不要成为"替罪羊"，尤其是孩子和家长。学校里的老师，同样需要理解和支持，因为他们也可能在工作中遇到各种困难。希望一线老师的工作感受能够好起来，家校之间形成合力。遇到问题谁都不怪，先处理情绪，再处理事情，节制自己的言行，继续专注于解决问题，而不是归咎于人。

个人问题通过寻求专业帮助来解决

一位经常对孩子大发雷霆的妈妈这样描述她的无助和受挫：她告诉我她小时候经常被父母打骂，甚至被绑起来用皮带抽得皮开肉绽。我这个心理学出身、给孩子和父母做心理治疗的人意识到，她说的"我就是控制不住"是真的、是客观的，不是她不愿意，而是她完全陷在一个"强迫性重复"的旋涡里，靠自己和普通帮助是改善不了的，需要医学、心理治疗的专业介入。

强迫性重复是指个体不断重复一种创伤性的事件或境遇，包括不断重新制造类似的事件，或者反复把自己置身于一种设想"类似的创伤极有可能重新发生"的处境里。也就是说，有过童年创伤体验的家长，更容易有挫折感，进而去侵犯别人或侵犯自己，即使那仅仅只是一个小挫折事件，但小的不可控，会唤起他儿时体验过的巨大的"被侵犯时的不可控感"、巨大的愤怒及巨大的羞耻感，进而采取"可控的攻击"，哪怕是暂时的可控。他在事后会感到很痛苦。

当时，我看到那位妈妈的表情真的已经非常克制了，她努力克制了一些悔恨、无助，甚至对自己的愤怒。那个瞬间，我感受到她真的非常想做一个好妈妈，既心疼孩子，也渴望改善。但正如她自己描述的那样："我像个瘾君子，难以控制自己的大脑和行为，仿佛大脑进入'无人驾驶'状态，内心的怪兽一涌而出，会伤害孩子，也会自伤。"

强迫性重复是一种无意识的过程，尽管这个过程会给个体带来一种暂时的掌控感甚至愉悦感，但最终它会带来持久的无助感与失控感，它还会让个体从主观上感到"自己是有问题的"——我一定有什么问题，才会让这样的不幸一再发生在我身上。而对强迫性重复治疗的目标则是让个体重新获得对当下生活的控制力，停止重复创伤的行为、情绪及身心反应。

如果你觉察到自己存在这方面的倾向，可以寻求专业的帮助。比如我专业的心理咨询师或"动力学倾向"的团体成长小组，让他们帮助你探索自我。有些父母适合一对一咨询的方式，有些父母觉得团体小组的治愈效果更好。无论哪种方式，都有机会疏通一些抑郁情绪、不健康的自恋或自我攻击等。

另外，在现实生活的关系层面，也需要建立起更稳定、亲近的人际关系，比如有些妈妈会感到身边没有人支持她，无法依赖任何人，缺乏帮助和关爱。这时候如果孩子的教育都压在妈妈一个人身上，那可想而知，妈妈的能量是严重不足的。通常这时候，我们就需要从夫妻关系、家庭系统的层面，去重新觉察自己和家庭成员的关系了，比如爸爸对孩子教育的参与程度、整个家庭对孩子的抚养分工等。做父母之后，其实我们更需要亲人朋友的支持和关爱，只有自身能够和其他成人建立亲密、信任的关系，我们才能给予孩子亲密和信任。

觉察了亲子互动模式之后，我们就需要重塑信任关系，要意识到如果继续用"老的方法"，是不可能得到"新的结果"的。

重塑信任关系

我们首先来思考父母和子女的关系，以及这到底是什么样的关系。

研习心理学、教育学，从事儿童教育、家庭教育咨询这十几年来，我认为亲子关系包含纵向和横向两种关系。

纵向亲子关系是基于生物学和法律学意义上的生育、养育关系。父母是年长的养育者，孩子是年幼的被养育者，那么父母势必会通过自己的言行（养育活动）去作用于孩子，在物质上喂养、照料孩子，在精神上教导、规范孩子，以使孩子成为言行得当、适应社会的人。父母在智力水平、知识储备、社会认知上具备先天的优越性，使得父母角色具备权威性，亲子关系呈现出一种自上而下的垂直关系，父母和孩子在家庭地位上是不平等的，父母享有优势地位，父母像孩子的导师，对孩子具备直接的影响力和作用力。

横向亲子关系是基于人格意义、情感意义上的联结和亲密关系。父母和孩子都是具备独立人格的平等的个体，需要发展出彼此尊重、相亲相爱的亲子依恋关系。父母爱孩子，尊重、理解孩子，认可、接纳孩子，鼓励孩子成为他自己，建立自信，找到自己的优势。当孩子在家庭生活或社会适应中遇到挫折时，父母能够为孩子提供情绪支持，帮助孩子恢复心理能量，重新认知和适应这个世界。同时，孩子的存在满足了父母对亲密情感的需求。在孩子的陪伴下，父母感受到了无条件的爱和关怀。孩子的笑声、拥抱和亲吻都成了父母心灵的慰藉。这种亲密的情感联系让父母感受到自己的重要性和被需要的价值，从而增强了他们的自信心和幸福感。此时，亲子关系呈现出一种相对平等的水平关系，父母像孩子的好朋友，成为孩子最信任的人，这是一种稳定、持久和牢固的亲密关系。

这两种方向的亲子关系是同时存在的，是父母都需要去把握的，难点在于父母如何找到平衡，即如何在纵向关系上施展对孩子的影响力，起到指引孩子的作用，尽到为人父母的职责，同时在横向关系上与孩子建立互相信任、彼此满足的亲密感。

父母与孩子之间的相互作用是复杂而微妙的，它既包含了我们对孩子的期望和教导，也包含了孩子对我们的爱和信任。只有当我们真正理解和尊重彼此时，这种相互作用才能发挥出最大的力量，帮助我们共同成长和进步。

父母往往在需要批评和拒绝孩子的时候用力过猛，更多使用父母权威去控制、驱使孩子，甚至像封建帝王对臣子、公司领导对下属那样为了彰显权力而去实行管教，那么这种纵向关系上父母对孩子的负面影响就会损伤平等关系，孩子在情感上就很难感受到父母的爱和接纳。当亲子关系中缺少真正的信任时，孩子很难按照父母的期待去发展，甚至可能选择通过抗争来报复父母、彰显自我的力量、寻求自我发展的空间，陷入与父母的权力之争。

如果你发现在教养过程中，你更擅长与孩子建立自上而下的纵向关系，孩子可能听你的，但并不亲近你，或你和孩子之间的冲突和斗争非常多，你经常感到身心俱惫，那么你就需要先从修复横向关系开始，去学习如何与孩子建立横向关系，让亲子关系更加平等。比如，如何与孩子道歉，如何信任和重视孩子的感受，如何提前与孩子制订规则，如何给孩子选择、适当地放权等。

也许，检验亲子关系的标准之一就是孩子是否认同父母、接受来自父母正向的影响力，并且亲近父母。这其中一定有一些知识、技能是我们不太了解的或练习不足的。其中有两个环节是我大多数时候在与父母访谈和咨询时都会着重提到的，那就是教父母跟孩子道歉，并帮他们辨别自己发脾气的目的是什么。因为，亲子关系是一切教育的基础，一旦父母情绪失控对孩子造成过创伤，孩子对父母的信任感丧失，甚至孩子开始记恨父母，孩子的注意力被转移到了"如何报复父母"上，那么任何科学的育儿方法都不会奏效。因此，修复亲子关系、重建信任是至关重要的一步。帮父母辨别自己发脾气的目的，能让父母从"被情绪恶魔控制"重回"我可以控制我的情绪"。因为父母不再局限于自我感受和想法，而是能够从"为了关系更好"的角度出发，反向选择自己如何行动、如何管理情绪，这样才能不损伤亲子关系，进而有能量继续寻找解决亲子冲突的方法和策略。

跟孩子道歉，是打破恶性循环的第一步

如果父母在上一次的管教中有过不尊重孩子的言行，父母需要首先和孩子道歉，承担起修复关系的责任。

这是我建议家长做的第一步，我会问他们：上次发火摔东西或打骂过孩子之后，跟孩子道歉了吗？

- 有些家长会面露尴尬地笑：这个好像真没有。（似乎从没想过）
- 有些家长说"会"，但只是通过"行为"：给孩子倒杯水，说自己当时为什么打人，这就算道歉了。
- 有些家长会说"对不起"，但孩子不领情，他们就又生气："我都跟你道过歉了！你怎么还这副样子？"

显然，能够蹲下来，看着孩子的眼睛，诚心诚意地说对不起，并不要求孩子马上原谅的父母比较少。

父母不是圣人，当然可以失控。但我们往往对自己"网开一面"，只要求孩子就范或者道歉。我们似乎从不对孩子道歉。

想起我儿子丰收 3 岁时，有一次玩得兴奋，突然拿一只

鸡蛋形状的塑料玩具砸向我，把我的脸颊砸肿了。我大叫了一声，一气之下径直走到他跟前从他手里拿走玩具，嗖嗖嗖走到垃圾桶旁边，把玩具扔了进去。他跑去奶奶怀里哭，奶奶虽然嘴上让他和我道歉，但又亲又抱又擦眼泪的样子，让丰收显得楚楚可怜，让我显得凶神恶煞。

其实我第一时间并没有说什么，扔完他的玩具就去另一个房间拿药膏了。我承认，即使不说话，我的行动已经足以让他知道"妈妈生气了，后果很严重"。所谓的后果就是，我把他的多多变形蛋（玩具）扔到了垃圾桶。

【解读 1】"把玩具扔进垃圾桶"是我的一个情绪化行为，我是在"做"情绪，而没有"说"情绪，这很正常，动手动脚绝不是孩子的专利。这也可以算一个惩罚性的，类似剥夺权利的行为。只不过在气头上的我认为这是理所当然的——"谁让你砸我！"

【解读 2】我之所以什么都不说，只扔玩具，扔完就去拿药膏，一是因为我相信无言和留白的时间会让孩子更想知道接下来我会说什么，如果我直接劈头盖脸把他教训一顿，他肯定会本能地防御、对抗。二是因为我真的很疼，我要爱自己，药膏也可以让他有机会对自己的行为做出一些弥补。

拿着药膏下楼后，看到他那楚楚可怜、有靠山的样子，我的第一个行动是告诉奶奶："我来处理。"我把丰收抱过来，试图抱到另一个房间单独沟通，我说："我们俩的事情，我们单独说。"他声嘶力竭，不让我抱，身体往下坠。他也确实太重了，我没有抱动，就放弃了，但至少成功地让他离开了奶奶的温暖怀抱。

【解读3】孩子太聪明了，如果让"靠山"存在，那他一直都会放大自己的委屈，来让你显得"邪恶"。你要说的重要的话就会缩水，因为他根本不会听，只会用哭来造势，和你抗衡。所以，有独立处理的空间最好。至少不能在"靠山"奶奶的怀里。肢体语言的力量是最容易被我们忽视的。

我把他放下，一起站在垃圾桶旁，我从中取出了玩具，他伸手要拿。我把手抬高，让他暂时拿不到，我说："我会给你的，你先看着我的眼睛，先听我说，站好。"我强调了两遍"我会给你的"，他的情绪才稳定了一点儿。我坐在小凳子上，一手拿着玩具，一手拿着药膏，他站在我对面。我说："看着我的眼睛，眼睛。"一般在与他进行重要沟通之前，我都会用这种简短的语言，提醒他看着我的眼睛，等他抬起头看着我，注意力聚焦到我这里的时候，我才开始说话。

- "我被你砸得很疼，你看，都肿了，我非常生气。"（以"**我**"开头的句式）
- "玩具不可以砸人，不可以对着人扔。这是不好的行为。"（**明确规则**）
- "那你跟我说对不起。给我吹吹。"（**弥补的行为**）

这几句话他并不陌生，因为我的语气是平时我批评他的那种"不带敌意的坚决"，也是我通常比较严肃的说理时刻。当我让他道歉时，他毫不犹豫地说："妈妈，对不起。"然后他噘起小嘴吹了吹我的脸，表示对我的安慰，又给我涂了药膏。当然，涂药膏时，我稍微夸张了一下我的表情，以显示真的很疼，让他尽可能感受到我的感受。他主动给我涂了三遍，看得出来他在为自己的行为负责。

【解读 4】说重要的话之前，一定要注意非语言条件：眼睛是否在看着大人，注意力在沟通这件事上吗，大人是否平视着孩子，前面是否有"靠山"（比如宠爱孩子的长辈）的干扰，等等。如果我是站着的，孩子和奶奶都是坐着的，那么我指着奶奶怀里哭天喊地、委屈连连的他，这个冲击力还是很强的，这样的肢体语言本身就传递了"攻击性"，孩子很可能听不进去多少道理，只想着"妈妈也太可怕了吧"。长辈也会本能地想去保护孩子，大事化小，小事化了。

【解读 5】以"我"开头的句子是父母首先需要向孩子表达的内容，可以帮助孩子理解大人的感受和想法，进而客观地知道自己的行为对别人产生的影响，有助于孩子启动自己的思考，唤起孩子的同理心。更重要的是可以避免在第一时间引起孩子的防御或反抗。同时，在明确规则之后，别忘了重要的一步：让孩子知道怎么弥补。从错误中学习，并知道怎么弥补，不仅是我们要让孩子学习的，也是孩子在那个时刻愿意去做的。孩子愿意做些什么来弥补，这比

让他愧疚更健康、更有建设性。

药膏涂得差不多了，他也平复得差不多了。其实我从拿着药膏回来那一刻就恢复理智了。此时此刻，我说："我们抱抱吧！"（修复关系）他马上扑过来抱住我，我说："妈妈知道，你刚才是因为玩得太兴奋了，才拿玩具砸我的是吗？"他点点头。我说："嗯，你可以高兴，但玩具是用来玩的，不是用来砸人的。"（说出东西的功能，更容易被孩子认同和吸收）

这事儿就算过去了。丰收去刷牙，我去洗澡，说好了我洗完后给他洗澡，他答应得好好的。结果，到时间了他怎么都不愿意洗，我用了平常"先理解再明确规则"的方法和"直接采取行动"（把他抱过去）的方法，结果他都拼命反抗。我感到非常奇怪。

我不想强制升级，我突然意识到不对，我问他："是不是因为刚才我扔了你的多多变形蛋，你还在生气？那件事还没过去？"

他抬起头，点点头，说："是的，还没过去。"

我在心里大笑，在这里等着我呢！好吧，我意识到刚才我修复关系的时候，忘记道歉了。我赶紧补上："妈妈刚才太生气了，以至于把你的玩具扔进垃圾桶里，对不起，下次我用嘴巴说我生气了。我扔了你的玩具这个行为确实也不好。你可以原谅我吗？我们抱一下？"

丰收点点头，在我怀里安静了下来。我们彼此都感受到能量重新回来了，心里都暖暖的。

【解读6】我们非常容易认为例子开头的那个情绪化行为——惩罚性的行为——理所应当，并不因此跟孩子道歉。如果那样的话，就只有孩子为他的冲动性行为道歉，而大人没有为自己的冲动性行为道歉，那么常见的结果有两种。

（1）孩子压抑了一部分生气、伤心、委屈等负面情绪，很可能会在之后的事情中无意识地报复家长，比如说伤害人的话、犯一些特别出格或明知故犯的错，以此来和你扯平。但父母在这个时候往往并不知道这是因为之前的心结，会觉得孩子屡教不改或故意冒犯，很多时候又会去采取新的冲动性行为，这样亲子之间就会陷入比较持久的报复循环。

（2）孩子认错道歉了，但如果下一次无论谁先有错，父母依然有不当言行却认为理所当然，从不向孩子道歉，也从不修复关系，孩子会越来越不肯道歉，抓住家长的错误不放，或者会"记仇"，在你不知道的情况下借机"报复"，和你扯平。

当我们受伤时，我们会采取伤害性的言行去惩罚孩子，惩罚的动机是报复，报复的潜台词是："我受伤了，我要和你扯平。"孩子也一样。报复循环由此产生，亲子关系趋于不稳定甚至恶化。

【解读7】及时修复关系的步骤

（1）冷静：采取深呼吸、找安静的地方走一走等任何能让自己冷静下来的方式。

（2）承认：承认自己刚才说了什么、做了什么让

对方生气伤心，以及这样不好的行为。比如："妈妈刚才太生气了，以至于大喊大叫，还推了你、摔了东西，这确实是不好的行为。"

（3）**重新联结：用拥抱等重新联结情感。**比如"我们抱一下吧"或使用肢体语言：给孩子倒杯水、挽起孩子的胳膊、蹲下来看着孩子的眼睛，等等。

（4）**致歉。**比如"对不起，妈妈太生气了，以至于……""我为刚才的行为向你道歉，我没有控制好自己的行为"。

（5）**承诺。**比如"下一次，我会说我很生气……不再把玩具扔进垃圾桶""下一次，我会先走到你身边，用手遮住你的iPad，然后告诉你我生气了"。

我们学习情绪管理，不等于以后再也不能发脾气了，即使我们这样想，也未必能完全做到，这很正常。我们只需要改善而不是完美。在我们发过脾气之后，上面这5个步骤可以帮助我们及时修复与孩子或其他家人的关系。其中，致歉和承诺的过程——为我们做出的不恰当的言行表示歉意，承诺下一次会做得更好——非常重要，既可以加强我们的自我约束，也是在为孩子做出榜样，以身作则，更重要的是为整个家庭创造了一个"接纳情绪，节制言行"的良好氛围。

这些步骤不一定每一步都严格执行，也许致歉本身就是重新联结了。

有些家长可能会反馈说，一旦承诺，下次就一定要做到，否则会失信。确实，我们需要尽最大的可能去节制言行，采取孩子能接受的，自己也比较容易做到的可行的表达情绪的方式，但这种改变一定不是绝对的、完美的。因为大人的行为改善也需要经历一个过程，需要不断且及时的自我觉察。觉察越多，自控越有可能实现。我们只需要认真承诺，可贵的是愿意去改善。

和孩子道歉，孩子才能学会致歉，并知道在我们家，谁都需要管理自己的言行，父母也不例外。这样，孩子才能真心爱我们、敬我们、听我们。让孩子学到知识、提高能力，而不仅仅是得到肉体和精神的"教训"。

我们会互相生气，但我们也彼此相爱。

【自我测评】

表 3-1 有助于你了解自己的"及时修复"技能，请阅读表中关于"及时修复"行为的描述，根据自己的实际情况在相应的空格里打钩。

表 3-1　"及时修复"行为自测表

及时修复	经常这样	有时候	从来没有	没有但想尝试
知道要自己先冷静，但总是冲动行事				
我会想要缓和，与孩子和好，但不会直接表达				
我会在心里说对不起，甚至很内疚				

（续）

及时修复	经常这样	有时候	从来没有	没有但想尝试
我会意识到自己的行为不妥，但没有承认过				
深呼吸让自己冷静一下				
我会向我的孩子承认，我哪里做得过分了				
我会给孩子倒杯水或者尝试其他方式重新联结感情				
我会对孩子说对不起，并且孩子能感受到我的诚意				
我会承诺下次做得更好一点儿				
我会问孩子希望我下次怎么说和怎么做				
我会改进，孩子也会看到我的努力				

辨别发脾气的目的，是自愿做情绪管理的前提

父母除了要学会跟孩子道歉，把之前的"积怨"尽可能化解之外，我还发现只要花时间让父母了解到自己发脾气的目的，就能反向促进他们选择更好的方式与孩子沟通，因为他们开始反思情绪失控是为了自己能发泄情绪，还是为了关系更好。

很多时候，如何说比说什么更重要，如何做比做什么更重要。

当父母和孩子沟通的时候，孩子有什么感受？感受到被尊重，还是被贬低、被教训，甚至被羞辱？父母向孩子道歉的时候，孩子感受到成年人的真诚了吗？有时孩子就像握着一个拳头，父母越用力，反而越打不开这个拳头，大人和孩子经常陷入这种"权力之争"，互相攻击，互相指责。而其实，打开孩子的拳头可以有很多不同的方式，比如，可以用邀请的方式、表达信任的方式，或者游戏的方式……结果会很不同。我们表达情绪也是如此，不同的表达方式也会产生不同的效果。为什么父母在职场上大部分时间都可以控制好自己的情绪，而在家里面对家人、孩子的时候却很难呢？究竟是什么决定了我们会用不同的方式去表达情绪呢？

是我们表达情绪的目的，决定了或者影响了我们会用何种方式去表达情绪。

你表达情绪的目的是什么？当我在课堂上问家长们这个问题的时候，他们都会皱着眉头，沉默好一会儿。大家有没有想过，我们表达情绪的目的是什么呢？为什么你要那样说话呢？父母们通常会描述一些日常发脾气的场景，他们发现最常见的是以下这两种目的。

两种基本目的

第一种是为了"让孩子听话""让对方改正"，也就是希望对方马上做出行为上的改变。

比如：

- 早上孩子赖床时，爸爸很焦急，大声催促道："赶紧起床！看看现在几点了！"

- 看到丈夫乱丢脏衣服时，妈妈会生气并大声喊叫："你怎么又把臭袜子到处乱丢？！"

第二种是为了"发泄情绪"，也就是为了宣泄情绪而宣泄，不说出来就难受。

比如：

- 大吼一声："凭什么要听你的？我想怎么样就怎么样！我已经快喘不过气了！"
- 摔门而出："我天天又要带孩子又要做家务，难道我不累吗？我要崩溃了！"

大部分父母能够意识到以上这两种目的，他们会在我的课堂上分享。除了这些，我们表达情绪还有别的目的吗？当然有，但并不是那么容易被我们意识到。

成人表达情绪的 4 种目的

通过与父母们进行一对一访谈和一对多上课，我逐渐观察和总结出下面 4 种成人表达情绪的目的（如图 3-1 所示）。

第一层：为了控制对方

如果我们是为了控制对方，期待"我一说他就应该改变"，那我们往往会很失望。不可否认，我们表达情绪都是希望对对方有所影响，但如果一不小心把"表达"变成了"要求"，就难免带着一些强迫和控制的意味，只盯着对方的行为结果，希望对方围着我的要求立即改变。

为了让关系更好

为了有效沟通

为了表达自己

为了控制对方

图 3-1　成人表达情绪的目的

最具有代表性的句式是以"你"开头的句子。比如：

孩子们早上总喜欢赖床，妈妈喊了三声孩子还不起床，妈妈就会生气地说："你再不起来，我生气了！"然后提高声调大喊大叫，"快起快起！你听见没有？！"然后可能掀开孩子的被子，试图用激将法："再不起我们就走了！"或者拿出杀手锏："你再不起，不要吃早饭了，晚上也不要去小区玩滑滑梯了！"

很多时候，我们确实停留在这一层，让对方感受到被指责和被驱使，甚至是被强迫。

【思考时间】

　　请看到这里的你回顾自己的生活，在哪些时候，你表达情绪是为了控制对方？

第二层：为了表达自己

指责是一种间接的宣泄，被指责的人通常只会感受到被攻击而急于去保护自己，再用同样的方式甚至更激烈的方式去还击，双方陷入了互相伤害的模式。但如果我们仅仅是为了表达自己，为了情绪的自然流露和宣泄，告诉对方我的感受和想法，比如"我很生气，这件事对我真的很重要，我非常介意，你这样做我接受不了"，而不是一味地指责对方，这样不仅可以梳理自己的内在感受和外在境况，也会让对方更加了解我们的处境，更能触摸到我们生气背后的脆弱情绪，进而做出进一步的协商、沟通和调整。

最具有代表性的句式是以"我"开头的句子。比如妻子在和丈夫吵架时说：

"我没想好咱们去哪里玩，你问我，我就随口说了去公园，但如果你有别的计划，你可以说啊！我愿意听。我每次听到你说'都随便'，好像很委屈的样子，我就更生气了，还很莫名其妙！到现在你都一直不说话，你可以保持沉默，但我真的很受不了这样！我真的很不喜欢每次吵架的时候，你都不说话。我认为冲突不可怕，我希望听到你的想法，我希望你和我一起参与决策，而不是只做旁观者，我真的很累很累，我希望你也能有话直说。"

到了这个层次，我们依然是有情绪的，语气并不是柔和的，但比第一层多了很多"我"的内在信息，因为这个层次的情绪表达者更渴望被对方了解，并相信对方并不一定真的了解自己的处境和想法，他们相信只有尽可能把自己的感受、观点、立场和期待表达出来，才能被理解。

【思考时间】

请看到这里的你回顾自己的生活，在哪些时候，你表达情绪是为了表达自己？

第三层：为了有效沟通

仅仅表达自己还不够，对方会感受到你一直在强调自己行为的合理性，试图证明自己是对的，是情有可原的，是需要被照顾的。因此，对方也会启动第一层和第二层的目的，先试图否定你、攻击你，再更多表达自己的感受、立场和期待。比如第二层的例子中的丈夫，就会说："都是你有理是吧？反正你是不会错的！你这么有想法，我还说什么？去哪里吃饭、去哪里玩有那么着急决定吗？谁能知道哪一秒你就要发火？你想怎么样就怎么样吧，我没什么好说的。"然后，可想而知，妻子听到这段话又会更生气，她很有可能会继续维护自己、指责对方，即又回到第一层目的，"为了控制对方"而去表达情绪。大部分的冲突都是这样陷入了互相指责、互相攻击的场面，陷入了证明"你有错，我有理"的吵架循环里，进入了死胡同。

很多时候，吵到筋疲力尽，但最初的冲突事件并没有得到有效解决，下一次如果遇到类似情景，双方又会再吵一次。不仅事情没有得到解决，彼此的关系还会受损。

因此，表达情绪的第三个目的就是有效沟通。只有双方都把表达情绪的目的设定为有效沟通，我们才有可能既表达自己，又倾听对方，不仅表明自己的立场，还能考虑对方的状况，找到双方都能接受的方案，落实在双方都能接受的可操作的行动方案上，双方都会主动去避免"无效的吵架"——吵完了但问题依然没有得到解决。

最具有代表性的句式是以"我"和"你"交替开头的句子，即"我……你……我……你……"。这时候，双方在沟通空间里允许把彼此的内在信息都容纳进来，不再是我和你的较量，而是我和你的兼容。

比如，妈妈觉得爸爸每天回家还要对着电脑加班，陪孩子和自己的时间太少了，妈妈也会有抱怨，也会语气不好，甚至大喊大叫，但妈妈知道为了有效沟通，会对爸爸说："我希望不是每次吵完就结束了，希望我们可以一起想办法解决这个问题。"爸爸说："我也不是每天都加班，也会给孩子洗澡，陪孩子讲故事。"妈妈说："确实，但真的很少，我希望你能有相对固定的时间来陪我们。我发现只要你晚上连续在家加班超过 3 天，我就会发火。"爸爸说："我不能保证周中的时间都不加班，但我有空的时候，我都可以陪孩子。"妈妈说："最好固定下来给孩子洗澡、讲故事的时间，比如周几几点到几点，这样我感觉会好一点，至少在这些时间段，陪孩子是优先于工作的。"爸爸同意，甚至他们还决定一周也要分配出时间给"二人世界"。于是，抱着有效沟通的目的，最终他们有了双方都能接受的方案：

（1）每周一到周五，至少有 2 天，晚上 8 点半爸爸负责给孩子洗澡、讲睡前故事。

（2）每周五晚上，在孩子睡着之后，爸爸陪妈妈一起在家看电影，享受"二人世界"。

这时候，表达情绪是为了有效沟通，聚焦于解决问题，双方成了彼此的合作者，都尽可能节制自己的情绪，倾听对方、表达自己，最终达成一致，有了可执行的方案。

【思考时间】

请看到这里的你回顾自己的生活，在哪些时候，你表达情绪是为了有效沟通？

第四层：为了让关系更好

第三层会让我们联想到"合同""契约"，但面对家人和孩子，很多时候并没有那么刻板，如果家人和孩子没有做到契约中约定好的"条款"，我们很容易又开始指责和抱怨，回到了第一层去表达情绪，为了控制对方的言行如我们所愿。

因此，表达情绪的第四个目的是让关系更好。只有这样，我们才有可能在对方没有很好地履行契约时，依然可以节制自己攻击的冲动。我们会为了让关系更好，而更加说到做到，尽可能调整自己的言行，遵守我们彼此通过有效沟通而达成的约定。只有双方都抱着让关系更好的目的，表达情绪的时候才会提醒自己调整表达方式，都朝着同一个方向努力。因为我们这样做不是为了"我"，也不是为了"你"，而是为了"我们"，为了让我们的关系更好。

比如上面（第三层）举的例子，在这对夫妻通过有效沟通达成一致，制定了双方都可以接受的行动方案之后，哪怕爸爸在执行时没有百分之百做到，妈妈也不会吹毛求疵，因为妈妈会抱着让我们的关系更好的目的，看到爸爸已经在努力改善了，就不会过于苛刻，要求爸爸一定要刻板地履行约定，而是更接纳和包容，或提供其他促进关系的补偿方式。当我们表达情绪是为了让关系更好，而不是为了损伤我们之间的关系时，做过约定的双方都会更加主动地去节制自己的行为，互相配合、增进合作，关系自然越来越好，彼此更加信赖。

最具有代表性的句式是："我们……"。

当父母与祖父母的教养方式不一致时，如果父母的情绪反应激烈，矛盾很容易被激化，可能关系恶化的后果比当初那件事情本身带给孩子的危害更大。因此，如果父母抱着让关系更好的目的，就更愿意去理解祖父母的辛苦，理解长辈们改变旧有的观念是很不容易的一件事。进而，父母才更有可能以身作则，从自身出发，更愿意努力去做示范，去施展自己对长辈的影响力。为了让彼此的关系更好，而不是一味地要证明谁对谁错，我们就会更好地表达情绪。比如在咨询中，曾经有位妈妈理解了情绪表达的第四个目的，她突然意识到自己还是非常在意和长辈的关系的，因为她很希望给孩子营造一个和谐的、相亲相爱的家庭氛围。因此，她调整了自己之前对长辈的态度，在长辈执意要给孩子喂饭这件事上，改变了自己之前"居高临下"的方式，用更加理性、成熟的方式向长辈解释："让孩子自己吃饭吧，总要练习的，熟练了就好了，如果每次都喂饭，你的饭也凉了。可以先喂几口，没那么饿的时候，让孩子自己吃，你边吃边看着他就好。"还会理解到老人喂饭是因为怕孩子吃不好，食物撒满地不便打扫，于是对长辈说："饭菜撒满地，弄一身，黏黏的，本来你带宝宝就很累，还要再打扫地板，我们真的很过意不去。可是如果不能每天让他练习用用勺子，等马上上幼儿园了，别的小朋友都自己吃饭，宝宝还不行或不熟练，那时候他会有很大的压力。"孩子的奶奶听完这样的表达，既理解了妈妈的担心和顾虑，也开始积极配合起来，双方不再互相否定、指责，而是通力合作了。

对我们重要的家人、朋友，我们肯定不愿意以损伤关系为代价来表达情绪。当我们抱着让关系更好的目的去表达情绪时，我们自然会去注意自己表达情绪的方式。

【思考时间】

请看到这里的你回顾自己的生活，在哪些时候，你表达情绪是为了让关系更好？

思考整理

请回顾一下自己的生活，觉察一下，你通常表达情绪的目的是什么？可以按第一行的示例填写表 3-2。

表 3-2   表达情绪的自测表

对谁表达什么 情绪	我是怎么说的和 怎么做的	我这样表达情绪的 目的是什么
对老公表达生气的情绪	"你不能好好说话吗？！" "什么意思？我怎么知道这是谁弄的？"	为了表达自己，说出自己的委屈，希望对方给我道歉，安慰我

表达情绪的这 4 个目的，其实并不绝对是进阶的关系，只是在家庭内部对我们在乎的人存在一定的进阶性。因为我们可以自己选择，对不同的人抱着不同的目的去表达情绪。

这就是为什么我们在职场上对自己的上司、领导、客户，通常会控制自己的情绪，有礼有节地表达，因为我们在乎和他们的关系，怕关系有所损伤。

那我们和家人、朋友的关系呢？对我们特别在意的家人、朋友，希望大家可以从维护关系的角度，去重新审视我们的情绪表达。只有当我们不想破坏和家人、孩子的关系，想通过表达情绪让关系更好，而不是更糟时，我们才会愿意去做情绪管理，才会对自己表达情绪的方式做出调整，才不会对孩子、家人那么苛刻，会相对宽容、柔和。

第 4 章

深度表达自我，分类识别问题

既然对于我们在乎的人和关系，需要从"保护关系"的角度去重新思考情绪管理，那么在这样的关系中，重塑信任、调整情绪表达方式就显得尤为重要了。

前面我们提到情绪的自我觉察是情绪管理的第一步，能够觉察、识别自己的情绪，解读情绪背后的信念，即对事情的看法、判断和评价等，是情绪智力的核心能力。这种情绪觉知力是一个人自我理解和发展心理领悟力的基础。

光表达情绪还不够，父母还需要更深度地觉察自己情绪背后的信念，并把这种信念表达出来。比如，"乱糟糟的衣服在我看来就意味着你很懒，不够自律"或"你已经答应过要收拾了，还这么乱，说明你在敷衍我，我感到被轻视"。你会发现当我们把情绪背后的信念、自己的私人逻辑说出来之后，对方会更加理解我们为何那么生气，也有助于我们去核实——事实真的如此吗？对方真的不够自律吗？还是我们以偏概全、过于焦虑了？对方真的在轻视我吗？还是我把他的这些行为解读成了"轻视"？很多时候，深度表达自我会促进彼此进一步高质量地沟通，促进彼此核验、修通、澄清、重新连接，因为我们袒露了埋藏在自我深处的脆弱，让对方听到了我们的内在逻辑，哪怕它是不合理的、夸大的、以偏概全的，至少对方有机会去澄清说："我没有不在乎你，原来你会这样想。我只是……"

如果双方都能深度表达自我，那么沟通一定会促进彼此的关系。如果父母能够学习深度表达自我，那么孩子也会更理解父母、更倾向于与父母合作，并从父母身上学习到如何深度表达自我，让沟通更有效。因此，这一章会与大家分享如何深度表达自我。

除此之外，家庭中大大小小、纷繁复杂的育儿问题和亲子冲突，往往让父母应接不暇，情绪一触即发。这么多问题都需要眉毛胡子一把抓吗？哪些问题是可以孩子说了算，父母完全授权的？哪些问题是孩子一定要听父母的、父母享有绝对权威和话语权的？哪些问题是父母和孩子可以商量甚至可以调整相应的规则的？当父母善于把家庭内部的育儿问题进行分类识别、分类处理时，他们会少生很多气，少发很多次脾气。因为父母学会了抓大放小，学会了兼顾父母权威和孩子自主性的发展，学会了在什么时候要接纳孩子，什么时候要授权给孩子，什么时候要拒绝孩子。这样一来，父母育儿的思路和边界更加清晰，针对不同类型的问题，有的放矢，情绪自然会平和很多。

深度表达自我

我们往往用指责、抱怨、颐指气使、被动攻击等方式来间接地表达自己，比如更倾向于用"你怎么怎么样"的语言去指责抱怨，用具有破坏力的动作、嫌弃或厌恶的神情神态等肢体语言去"做情绪"，而不是直接"说情绪"。我们也更倾向于用反问式、嘲讽的、贬低的语句表达自己的不满，比如"难道你的眼睛是长在头上的吗？你真是把衣服收拾得很干净啊"，而不用直接的语句表达情绪，比如："我很生气，看着这一堆衣服我就想发火"。因此，父母需要学习用直接的语句去表达情绪，管理自己的言行，避免用破坏性的言行去表达。

少说"你信息"，多说"我信息"

在大多数生活场景中，我们会先与家人和孩子好好沟通，但当我们发出一些指令、邀请，诉说一些自己的期待、愿望，却得不到期待的回应时，我们就会产生失望、生气等负面情绪，进而开始使用以"你"开头的句子来指责和怪罪对方，批评对方的想法、感受、言行，甚至直接用有伤害性的词汇来贴标签，对人进行贬低和打击。

曾经有一对母子在我的课堂上演示他们在家里发生的一幕。昊昊的妈妈刚做好饭，一边忙着盛饭摆桌，穿梭在厨房和餐厅之间，一边对着在客厅里玩 iPad 的昊昊喊"吃饭啦"，昊昊玩得正尽兴，没有理睬妈妈，妈妈催了几次，昊昊依然没有反应，妈妈很生气，开始使用"你信息"来表达情绪：

- "你听没听见？快去洗手！"
- "你还在玩？你在搞什么？"
- "你没长耳朵吗？你再不过来，iPad 就没收了！"

昊昊不为所动，继续玩着 iPad，敷衍地说"知道了，知道了"。这句话让妈妈更生气了，她一边大吼"知道什么知道！你就是屡教不改"，一边大踏步冲到昊昊身边，猛地把iPad 抢下并狠狠地摔在了沙发上……昊昊涨红了脸，握紧拳头、跺着脚大哭……

演示结束后，我先采访了昊昊："这是你和妈妈曾经真实发生的一幕吗？"昊昊说："是的，当时我们很生气。"我继续问他："我们都很好奇，为何前面妈妈叫你去洗手、吃饭、放下 iPad 的时候，你没有照做。"昊昊说："我根本没有听清楚她具体在说什么，我只是知道她在阻止我，但她哇啦哇啦说了一堆，我真的仿佛听不见一样。"我和在场的爸爸妈妈们都非常惊讶，难道平时我们对孩子说了那么多话，他们真的听不见吗？还是故意充耳不闻？

于是，我继续问："那我们很好奇，你当时的注意力在哪里呢？"昊昊说："我的注意力还在 iPad 上啊，因为我知道她还会再催我，甚至还会来抢走，那不如我多玩一会儿！"原来如此，这个瞬间让我印象深刻，因为当时在场的所有父母都瞬间意识到为什么很多时候我们对孩子的要求、催促，甚至威胁都是没有用的，因为那些"你信息"会被孩子模糊感知为统一的"试图否定我、正在妨碍我"的信息，让孩子"关闭"了耳朵，仿佛有一道屏障隔离了外界的信息。听到这里，昊昊妈妈反馈说："是的，很多时候我都感觉很生气，感觉孩子离我很远，明明错的是他，我却很无力，我也不喜欢自己歇斯底里的样子。"当时在场的很多父母都感同身受，陷入沉思。

确实，即使有些时候，我们认为自己只是在就事论事，但"你信息"的表达习惯会让对方感受到被嫌弃、被压制甚至被攻击。这种糟糕的感受会激起人类的自我防御机制，让人本能地想要保护自己，进而选择沉默、回避等消极抵抗的方式或用同样的"你信息"反击，互相争吵、对立起来，彼此的负面情绪更加强烈，沟通陷入僵局或矛盾升级。

那么，在表达情绪、与家人沟通时，如何避免形成那道造成彼此隔离的屏障呢？有没有更有助于获取对方注意力的情绪表达方式呢？

在课堂上，我请昊昊妈妈重新体验了一种新的情绪表达方式——提供"我信息"，即多说以"我"开头的句子，以表达自己的情绪、感受和期待，并把"指责"转换成"客观描述"。具体包含以下三种。

"我看到、我听到、我注意到……"

即用纯粹客观的描述性语言，表达客观景象，就像把自己的眼睛变成录像机，看到什么景象和行为，听到什么声音和语言，都用"我听到""我看到"或"我注意到"开头，把"我感知到"的客观现象白描出来，像电影旁白一样说出来。比如：

- "我听到你说坏妈妈……"
- "我看到你的袜子和裤子散落在地上和沙发下面……"
- "我注意到，吃饭的时间到了，你还在看电视……"

这样做的好处是，避免一开始就说"你竟然说我是坏妈妈？""你怎么又把臭袜子到处乱扔？""你不是答应了去关电视的吗？"等这些以"你"开头的句子，因为它们非常容易让对方感到被指责，引起对方的反感和防御。同时，以"我"开头的描述客观状况的句子，有助于让对方关注到事实本身、现象本身，即听着会下意识地去回忆之前说过的话，去看一眼沙发下面真的有袜子吗，或者不做回应，默认了我们描述的客观事实。

"我感觉、我感到……"

即描述以上"客观事实"给自己造成的内在感受和情绪，并说出自己的情绪。比如：

- "我听到你说坏妈妈，我有点儿惊讶，也很委屈。"
- "我看到你的袜子和裤子散落在地上和沙发下面，我感觉心里乱糟糟的，很烦躁！"
- "我注意到，吃饭的时间到了，你还在看电视，我就一下子很生气，担心你的眼睛！"

注意，虽然我们通过情绪词汇说出了自己的感受，但并不代表我们必须是心平气和的。因为有情绪的时候，我们的声音可能更大，语气可能更重，但只要我们使用了情绪词汇，我们的内在信息就开始向对方敞开、传递，只要我们经常有意识地这样做，彼此都能接纳和允许负面情绪在家庭空间存在和流动，那么，阻碍沟通的屏障就不会轻易形成。因为，强烈言辞的背后隐藏的往往是真实而脆弱的感受，这种感受是坦诚交流的邀请，很容易获取对方的注意力。多多积累情绪词汇吧！"我感觉很委屈、很尴尬、很懊恼、有点儿失望、我很难过、我好后悔、我感到羞愧……"试着读一读，甚至说出这些词，如果你感到说出这些情绪词汇很困难，有点儿尴尬、不好意思，也可以在日常生活中用文字替代表达，比如给父母、爱人发文字信息表达你的感受，给孩子留一张小纸条说说心里话。

"我希望……"

即直接明确地告知你希望对方怎么说、怎么做，哪些是你可以接受的言行，哪些是你不能接受的。比如：

"我不能接受'坏妈妈'这个词，你可以直接告诉我'你不愿意，你很生气'。"

"我希望你能把袜子放到脏衣篮里。"

"我希望你提前和我商量一下，而不是现在才告诉我。"

这一步的主要功能是给予对方正面的提示，告诉对方可以怎么做，哪些是你可以接受的行为，这个非常重要。也可以在这一步同时告知对方什么样的言行是你接受不了的。当然，在实际表达情绪时，你可以根据当时的情况和自己的语言习惯，用自己的话表达以上的"我信息"，可长可短，但宗旨是尽可能用以"我"开头的句子表达想法、感受和期待，避免我们一旦生气就只会用以"你"开头的句子去指责、抱怨和攻击对方，引起反感、对立和报复循环。

　　值得注意的是，我们学习表达"我信息"，并不意味着完全不能再说"你信息"了。在实际生活中，难免会在第一时间使用以"你"开头的句子去表达情绪。但当你发现"你信息"让彼此开始互相指责，距离越来越远的时候，你需要及时意识到这一点，然后选择多说一说"我的感受、想法和期待"，让"我信息"被外化出来，以增进别人了解你的机会。

　　所以，我们要觉察自己表达情绪的方式。在你习惯使用或只会使用"你信息"的表达方式，且沟通效果很不理想的时候，需要启动"我信息"，并尽可能有意识地去使用，这会让我们的沟通更顺利，更趋近一个良性沟通。

【练习】

　　请结合以上内容和表 4-1，尝试在表 4-2 和表 4-3 中练习使用"我信息"表达情绪。

　　示范情境：早上妈妈上班快迟到了，孩子却哭闹着不要去幼儿园……

表 4-1　使用"我信息"表达情绪示范表

"我信息"	具体的表达
我看到、我听到、我注意到	我听到你哭着说不想去幼儿园，看着你抓着妈妈的衣服，要倒下来了
我感觉、我感到	妈妈现在很着急，因为我要迟到了，但我又很心疼你，我不知道我怎么说你才能好起来
我希望	妈妈希望，你可以松开手，我们抱一抱，冷静一下，然后一起上车出发

情境一：爸爸在家总是对着电脑或者手机，哪怕在陪孩子玩，也心不在焉……

表 4-2　使用"我信息"表达情绪练习表 1

"我信息"	具体的表达
我看到、我听到、我注意到	
我感觉、我感到	
我希望	

情境二：长辈会代替孩子做很多事，我们很担心……

表 4-3　使用"我信息"表达情绪练习表 2

"我信息"	具体的表达
我看到、我听到、我注意到	
我感觉、我感到	
我希望	

以上这些练习，除了可以帮助父母练习表达"我信息"，促进良好的沟通，还有助于解决孩子顶嘴的问题。

首先，当我们习惯性地使用"你信息"去指责、讽刺甚至贬低孩子时，哪怕孩子很小，依然能感受到不被尊重。如果你的姿态很高，有了操纵孩子的意味，甚至无意识地传递了敌对和蔑视，那么孩子会本能地不配合，甚至学会使用这种隐性的暴力表达方式，顶嘴说：

- "我就要穿！坏妈妈！"
- "我要打 110 把你抓起来！"
- "我就不去，我不要你管！"

父母需要注意的是，这时候千万不要跟顶嘴的孩子还嘴。因为你一旦跟孩子还嘴，就是被孩子话语中的内容绕进去了，没完没了。比如：

- "你说谁是坏妈妈？怎么这么没礼貌！"
- "打 110？你去看警察会听你的吗？！"
- "我一句，你十句，你翅膀硬了是吧？！"
- "没大没小，看来你就是欠揍！你一个星期都不许出去玩！"
- "你要是真行，就从今天开始自己洗衣服做饭！我们都不管你了！"

这样的还嘴，看似是在教训孩子，实则是被孩子牵着鼻子走。因为你在针对内容反驳，并且还加上新的刺激孩子的内容，孩子再次被激怒，很有可能再次顶嘴激怒你，你们俩就一直在"顶嘴还嘴"之间互相激怒……此时，破解的方法是，不针对孩子话语的内容回应，而回应话语背后的情绪，并说出"我信息"。比如：

- "听上去，你真的很生气。我听到你说'坏妈妈'，我也很生气，还很委屈。"

- "你可以不高兴，但不可以说我是'坏妈妈'，这个词
  我不接受。"
- "我已经叫了 3 声，你还是不动，我真的很着急。"
- "我们可以再重新商量下，找出新的方法。"

因此，破解孩子顶嘴可以参考以下 3 种方式：

1. 说"我信息"

- 我看到……我听到……我注意到……
- 我感觉……我感到……
- 我希望……

2. 反馈对方的"情绪"，不一味地回应话语内容

- 听上去你真的很生气、很委屈、很伤心……
- 看来你真的很不想去那里，你还没准备好……

3. 避开"地雷词语"，使用替代词语

管理自己的言行，不要使用一些贬低人的，尤其是可能
引起对方情绪爆炸的词语，比如"神经病""死猪不怕开水烫"
等这些指向人的"地雷词语"，替换成能表达自己的情感，但
又不至于造成人身攻击的词，比如"我觉得不可思议""这很
不明智""这有一些草率"等。在我们需要良好沟通的时候，
要尽可能约束自己的言行，而不是不断"踩雷"，不断互相伤
害，尤其是对我们在乎的人。

很多时候，我们和孩子之间的顶嘴与还嘴、我们和爱人之

间的吵架与报复循环都会"节外生枝"，将话题内容扩散到很远。最后都分不清谁对谁错，因为都"出过手"了，都说出过过分的话，做出了过分的事。很多父母告诉我，在与孩子的矛盾冲突里，一开始他们觉得自己赢了，却会在其他地方输了，因为孩子仿佛总是知道如何顶嘴、如何报复家长，让家长难受。甚至有些父母打趣地说他们发现一条铁律——"与孩子斗，必输无疑"。

总之，如果孩子总是喜欢顶嘴，那在孩子与父母的互动中，一定有斗争的张力存在。父母需要先学会及时刹车，撤走这个斗争的张力，不再使用暴力性的语言，要先打破"输赢较量，对错判决"的循环，多多使用"我信息"来转化这种张力，把"斗争"转化为理解与合作，至少让自己暂停一下，不再"节外生枝"。

觉察并表达情绪背后的信念

除了描述我们观察到的客观现实，表达我们的感受、情绪和期待，在表达情绪、致力于解决问题的沟通中，还有一个"我信息"非常值得被觉察和表达出来，即"我的信念"。因为它极不容易被觉察，属于一个人比较隐蔽的信念系统，但很大程度上决定了沟通是否有效，矛盾冲突是否有可能被真正化解。

什么是"我的信念"呢？美国临床心理学家阿尔伯特·埃利斯（Albert Ellis）在 20 世纪 50 年代提出了情绪 ABC 理论，他认为人的情绪是由他的思想决定的，合理的观念带来健康的情绪，不合理的观念导致负向的、不稳定的情绪。我们往往认为自己之所以有情绪，之所以那么说那么做，是因为发生了什么事，是对方的言行所致。而事实上，情绪 ABC 理论揭示了"是我们的想法让我们有情绪，而不是事情本身"。激发事件 A（activating event）只是引发情绪和行为后果 C（consequence）的间接原因，引起我们的情绪和行为结果（C）的直接原因则是个体对激发事件（A）的认知和评价而产生的信念 B（belief），即直接引起情绪的是人对事情的看法、解释和评价，而不是事情本身。因为对于同一件事，不同的人会有不同的看法、不同的解释和不同的评价，正是这些不同的信念，导致了不同的人会产生不同的情绪。

对于去电影院看电影这件事，我和丰收爸爸就经常闹不开心。我们俩会不定期在晚上丰收睡着之后，去电影院看一场电影，享受难得的二人世界。但通常我们会迟到，尤其在丰收还需要哄睡的时候，比如买好了 23：00 的电影票，但 23：00 的时候我们还在赶去电影院的路上，或者已经到达了电影院的停车场，但还是注定会迟到几分钟。这时候，我都会非常焦躁、生气，抱怨丰收为什么迟迟不睡，抱怨丰收爸爸只在那里看手机等我，不早点去车库提车，等等。而丰收爸爸却每次都气定神闲，非常不能理解为什么只是迟到几分钟，我都会如此生气，他认为本来就是出来享受的，又不是有重要会议，不必这么紧张。我看着他轻描淡写的样子，感到自己不被理解，便更加委屈了。同样是看电影迟到这件事，我们俩的情绪却很不一样，那是因为我们俩对于看电影迟到这件事抱有不同的信念，即想法和评价。

我对看电影迟到的想法和评价是：应该提前到场，捧着爆米花、可乐，优哉游哉地在正式开始前几分钟落座；迟到特别扫兴，匆匆忙忙打破了二人世界的悠闲气氛；看一场电影要从头开始，错过了哪怕几分钟都很可惜。正是这些信念让我觉得特别扫兴、着急、生气。

丰收爸爸对看电影迟到的想法和评价是：能提前当然更好，买吃的喝的是小事，来不及当然可以不买；迟到几分钟没关系，又不是迟到很久，错过的几个镜头也不影响继续观看。总之，看电影迟到一会儿没关系，不影响二人世界的气氛。正是这些信念让丰收爸爸心平气和，没有任何焦躁。

但这些信念往往是非常隐性的，不容易被察觉。基于情绪 ABC 理论的认知行为疗法，把常见的容易引起负面情绪的典型不合理信念归纳为 3 种。

1. 绝对化的要求

内心的想法和信念常常是**"必须……应该……"**。比如：

- "跟你说过不能乱丢袜子，你怎么又这样？你必须照我说的做！"
- "你答应过我的，你就一定要实现！"
- "每个人都应该欢迎我，我应该被所有人喜欢。"
- "我必须做一个好妈妈，在孩子需要的任何时候都能满足他的需要。"
- "只要我喊你吃饭，你就应该马上行动起来啊。"

我们常常对自己和别人有一些绝对化的要求，总希望可以一下子达到完美，总希望别人下次再也不那样说那样做，但往往事与愿违。这样的信念很容易导致失望和生气，因为人不是机器，每个人都有自己独特的认知、信念系统、行为习惯、个性风格，很多言行的转变都需要通过更有效的沟通、更新鲜的认知、更丰富的视角和更多时间的积累与练习才能达到，尤其是一些行为习惯的改变。因此，我们真正需要保护的是每个人努力改善的动力，小步一台阶，追求改善而不是完美。在这个信念的前提下，我们才能保持一个良好的情绪状态，即拥有了耐心，才有可能找到解决问题的新视角、新方法，才能静下心来节约能量去尝试重新沟通、增进了解，才能有定力保持专注练习，花时间训练某项技能。

2. 过分概括化

内心的想法和信念常常是**"一定会……那就是……"**。比如：

- 孩子不打招呼，就给孩子贴上"胆小"的标签。
- 爸爸允许 2 岁的儿子一直坐摇摇车，妈妈就说爸爸是"放纵型养育"。
- 经常把"错误的言行"和"糟糕的人"画等号，对错误过敏，因某个言行就判定自己或别人"一无是处、毫无价值"。

根据一个具体场景，就抽象概括为一个标签，甚至"上纲上线"，不断推断下去，主观、武断地串联一些因果关系，形成一连串的"滑坡谬误"，是一种常见的容易引起负面情绪的思维方式。滑坡谬误（slippery slope）是一种逻辑谬论，指不合理地使用连串的因果关系，将可能性转化为必然性，以达到某种结论，即使用连串的因果推论，夸大每个环节的因果强度，从而得到不合理的结论。

例如，性格内向只是一个抽象的词，而人的成功和优秀却是千千万万的样子。人的幸福与成功也绝不是性格这个单一因素决定的。还包括是否在自己的优势赛道上获得了自我价值和社会认可，这背后还有各行各业实打实的知识、技能、机遇和挑战，这绝不是在儿童时期因为性格内向就能下判决的。贴标签和滑坡谬误的思维方式无处不在，父母也很容易被贴上各种各样的标签。

一个允许孩子尽情坐摇摇车的爸爸，可能在吃糖这件事上是倾向于限制的，养育风格是对父母在大量育儿场景而不是单一场景下的态度、处理方式的抽象概括。就像我们不能根据一个行为，就对别人说"一看你就是处女座"。这会让人有一种"被绑架"的感觉，很不舒服。过于抽象、概括化的思维方式，会让我们丢了"具体问题具体分析"的基本哲学观。

在实际育儿场景中，我经常帮助父母们学习如何区分哪些属于原则性问题，哪些属于非原则性问题。对于一些原则性问题，尤其是影响第三方的不当言行，如孩子打人、说脏话等，父母需要学习如何对孩子说"不"，如何更好地节制孩子的言行，以及帮助孩子理解为什么要节制自己的言行，如何做到言行得体等；而对于一些非原则性问题，尤其是在家庭内部、不会影响第三方的时候，每个家庭对于孩子某些言行的接纳程度、所持有的价值观当然可以有差别，不是也不需要是千篇一律的，比如坐几次摇摇车、吃糖吃几颗、可乐是不是一点儿都不能喝，等等。

科学育儿是指父母需要去学习和遵循一些大的教育原则和沟通技术，这些具体的关于如何做得更好的理念和方法对父母更有实践意义和价值。至于那些关于"专制型""放纵型""忽略型"等养育风格的研究理论，父母可以了解，但不需要对号入座，不然会过于抽象，也会让一部分容易受暗示的父母刻板起来，束手束脚，甚至互相指责。具体问题具体分析，反思和探讨更好的育儿方式，不轻易地给人贴标签是非常有必要和有价值的。我在生活和工作中观察到，当一些父母理解并开始运用更多具体的新方法时，他们逐渐懂得抓大放小，变得游刃有余，但他们并不知道自己是哪种养育风格的父母。

3. 糟糕至极，灾难化

内心的想法和信念常常是**"糟透了！受不了……"**。比如：

- 觉得看电影迟到几分钟糟透了，受不了。
- 看到孩子扔满一地的玩具感觉糟透了，受不了。
- 孩子上了小学，有一次没考好，就觉得孩子太笨了，感觉糟透了，受不了。

对于同一件事，每个人的内心深处都有不同的接纳程度，即每个人的底线不一样。有些人面对脏乱的房间会抓狂，有些人觉得乱一点儿没关系，只要能收拾好就行了；有些人对错误过敏，时时刻刻都在教导孩子，生怕别人说自己的孩子没有教好；有些人对别人的批评和指责过敏，一点儿负面的评价都听不得，尴尬和羞怯的情绪会把他击穿；有些人对"被拒绝"过敏，有些人对吵架和冲突过敏。总之，在这些夸大后果和危害的时刻，人人都有一颗"玻璃心"。这些夸大的、灾难性的想法很容易让我们焦虑、抓狂，但对方并不知道我们为什么焦虑、抓狂，对方可能认为"没必要焦虑""不至于这样"。

积极心理学流派也分享过一些可以带来正面感受的思维方式。比如："Yes Environment"，积极关注。这是一个在现代管理和心理学领域中逐渐受到关注的概念。它指的是一种积极、支持性的环境，也指人们能够在基于事实的基础上，更能够感知到那些客观存在的却微小到不易被察觉的积极点，并倾向于主动选择从这些积极点出发去思考如何改善处境、解决问题。哪怕是对一件已经发生的让自己失望、焦虑的事情，也能在接纳情绪之后，找到客观但积极的观点、判断和评价，以此来调节自己的情绪，转化和提升自己的能量，进而把注意力聚焦在接下来如何解决问题上。以下这些想法就会带来更加积极的情绪体验：

- "幸亏没有更糟。"
- "有哪些积极的地方？"
- "我可以利用的优势在哪里？"
- "孩子做出改变需要时间。"
- "他是能力有待发展，需要花时间训练，而不是态度问题。"
- "我做好我可控的部分，改变能改变的，不可控的部分我选择接纳。"

在平时工作和生活中，我也接触过很多拥有积极信念的父母，对于孩子的言行，他们更重视和强化"做"这个行为本身，和已经做到的值得肯定的部分，比如，孩子在父母的催促下放下手机去写作业，很多父母就会气势汹汹地说："你又不自觉，学习是你自己的事，为什么每次都要我催你？你就是屡教不改！"而我曾在课堂上听到一个妈妈分享说，她也会先提醒孩子，但她深知良好的自主学习的习惯是需要循序渐进地培养起来的。因此，她会对孩子说："虽然有些不情愿，但你依然坐到了书桌前，开始写作业，而且已经把这两道题独立完成了，这就叫自觉主动。"这样的积极关注会让孩子感到"我有可取之处，我还想更好"，而不是"我永远不够好，那就算了吧"。

父母可以通过改变想法来改变情绪，把不合理的信念转化成积极的信念，这也是认知行为疗法最核心的原理。但有些信念的觉察和改变比较容易，有些信念的觉察和改变却很难，需要父母花时间去学习认知行为疗法，或接受认知行为取向的心理咨询师的帮助。那么，对于那些没有那么多时间，对认知行为疗法也不太了解的父母来说，他们还可以怎么做来管理自己的情绪呢？

我发现，在日常生活中，父母在表达情绪的时候，只需要基于情绪 ABC 原理练习觉察自己深层次的信念，包括对这件事的看法、判断和评价，然后把它表达出来即可，这种方式比"直接改变信念"难度小、可行性更高，更容易落实在日常生活中，更有助于别人了解我们情绪背后的原因，进而促进双方深层次的沟通，也会让父母更愿意对自我进行觉察，进入"觉察—表达—双向沟通—再觉察—再表达—再双向沟通"的良性循环。

有位妈妈曾在我的父母课堂上分享她的深层次沟通体验。她一直抱怨老公周末接送孩子上钢琴课总是迟到，经常对老公大发雷霆："你怎么每次都迟到！平时你很少管孩子也就罢了，周末接送都要迟到？你太过分了！"后来这位妈妈运用了在课堂上学习的方法——觉察和表达自己的信念。终于有一次，她在发火前停顿了 2 秒，深呼了一口气，整个人都沉静下来，她觉察到自己着急、愤怒的背后是这样一些想法，她冷静地对老公说："你知道我为什么每次都这么生气吗？因为我感到我和孩子没那么重要，接送孩子仿佛是个任务，你根本不愿意做，好像我强迫你来照顾孩子一样……"轻轻地说完后，这位妈妈的眼泪夺眶而出，她触摸到了自己内心深处的脆弱，空气中仿佛弥漫着委屈，还有一些羞怯的味道……积压许久的心里话终于说出来了，深层次的沟通发生了。孩子的爸爸愣住了，他慌张地说："什么啊，我没有不愿意啊，我很愿意送孩子啊，就是……唉……路上太堵了……确实踢球的地方有点儿远……"

夫妻之间的交流更加深入起来。事后，他们约定妈妈带着孩子跟爸爸一起去踢球的地方，爸爸和朋友踢球，妈妈和孩子在旁边的咖啡馆看书、写作业，只是妈妈和孩子都需要早起，不能在周末睡懒觉了。即使这样，一家三口也都愿意互相配合，开开心心地解决了这个问题。

因此，觉察和表达自己情绪背后的想法、判断和评价，不仅有助于我们核实自己的想法是否现实、可行，更有助于深层次的双向沟通，增进彼此的理解，澄清彼此的观点，去伪存真，解除误会，聚焦于合力解决问题。

【练习】

请尝试练习，在表 4-4～表 4-6 的情景中觉察信念并表达出来。

表 4-4　"觉察信念并表达出来"情景 1

觉察信念并表达出来	早上妈妈上班快迟到了，孩子却哭闹着不要去幼儿园
我的感受	
我的信念（想法）	

表 4-5　"觉察信念并表达出来"情景 2

觉察信念并表达出来	爸爸在家总是对着电脑或者手机，哪怕在陪孩子玩，也心不在焉
我的感受	
我的信念（想法）	

表 4-6　"觉察信念并表达出来"情景 3

觉察信念并表达出来	长辈会代替孩子做很多事，我们很担心
我的感受	
我的信念（想法）	

表 4-7～表 4-9 是在我的课堂上，一些爸爸妈妈的练习，可供大家参考。

表 4-7　参考示例 1

觉察信念并表达出来	早上妈妈上班快迟到了，孩子却哭闹着不要去幼儿园
我的感受	我要崩溃了，甚至我都怀疑是不是应该对你再凶一点儿
我的信念（想法）	妈妈已经很有耐心地在跟你好好说了，可你还不依不饶

表 4-8　参考示例 2

觉察信念并表达出来	爸爸在家总是对着电脑或者手机，哪怕在陪孩子玩，也心不在焉
我的感受	这简直糟透了！难道我们真的不值得你花时间吗
我的信念（想法）	你把家当成了你的办公室，你不关心孩子

表 4-9　参考示例 3

觉察信念并表达出来	长辈会代替孩子做很多事，我们很担心
我的感受	这让我怀疑自己在家里没有位置，不被重视
我的信念（想法）	我已经跟你们说了很多次都无效，我觉得我说什么都不重要

把问题分类，学会接纳、授权和拒绝

除了提升自己情绪管理的意愿，了解一些有效沟通、促进关系的方法，我发现"分类识别问题"对减轻父母的育儿焦虑特别有帮助。因为父母往往眉毛胡子一把抓，在该接纳的事情上较真，在该放手的事情上过度干涉，在该拒绝孩子的时候又迟疑，总是把握不好管教的"度"。

那些孩子的"自然属性"，比如天生的气质类型、内向或外向的性格、过于谨慎或容易兴奋的大脑神经系统、情绪管理能力有待发展等问题，需要更多的接纳，不必多虑也不要强行干预；那些孩子的"社会属性"，比如理解规则、遵守公共秩序、待人接物的礼仪等，是需要后天培养的，需要父母及时进行正面引导和示范。

哪些问题属于原则性的，在任何场合都需要遵守的行为问题？对于这些问题，孩子需要听父母的，父母需要坚定要求、相对强介入，学习如何拒绝孩子的行为，而不损伤孩子的自尊心。哪些问题是可以和孩子商量的？对于那些不涉及原则性问题、不影响第三方，属于每个家庭个性化养育的问题，父母就可以按照自己的价值观、行为界限去和孩子共同决定。哪些问题完全可以听孩子的，家长不必干预？对于这些问题，家长就可以让孩子尽情发挥他的自主性，获得自主感，感受到自由和快乐，避免形成过于"听话"、讨好大人的个性。

当父母基本能够把纷繁复杂的育儿问题分类识别时，他们发现自己的情绪问题好了很多，因为有些过去焦虑的问题已经不成为问题了，有些问题背后的原因找到了、找准了，更加聚焦问题而有针对性地去解决了。

接下来，我会结合儿童心理学、教育学知识和多年家庭教育咨询的案例，来总结和分享一下如何分类识别问题，让育儿不再那么焦虑。

接纳孩子的"自然属性"，发展孩子的"社会属性"

如果有一所学校专门教父母如何成为父母，你认为应该开设哪些必修课？作为一名心理学出身、家庭教育课程的研发者，我认为第一门必修课应该是自我认知类课程：父母首先需要了解自己和孩子的气质类型、个性的先天因素等那些与生俱来的自然属性。

气质类型，是指人类高级神经活动的类型，是人生来就具有的心理活动的动力特征，是人格的先天基础。它和我们平常说的"这个女孩子气质真好"中的气质（外貌、精神气、风格等）不是同一个概念。根据高级神经系统的"兴奋"和"抑制"两大功能，研究者划分了 4 种气质类型：胆汁质、多血质、黏液质和抑郁质。多血质的孩子活泼好动，反应迅速，热爱交际，能说会道，但稳定性差，缺少耐性，具有明显的外向倾向。黏液质和抑郁质的孩子则表现为内向，社交意愿弱，话少且安静。

除此之外，气质类型还可分为容易型、困难型和迟缓型。容易型的婴儿通常心境愉悦，生活有规律，容易接受新事物，活动水平适中。他们的情绪比较积极、稳定，求知欲强，在活动中专注且不易分心。困难型的婴儿常常烦躁不安，生活没有规律，非常害怕和排斥新事物，反应过度。他们的情绪不稳定，易烦躁，爱吵闹，不容易接受成人的安慰，对新环境的适应性较差。迟缓型的婴儿情绪比较消极，对新事物首先是退缩或抗拒，但能够慢慢适应新事物，活动水平较低。他们的行为反应强度较弱，表现为安静和退缩。

为何要了解我们和孩子的气质类型呢？因为孩子个性中的先天因素也会影响父母如何对待他们。通常我们会站在儿童的视角，去谈论父母或重要养育者的教养方式对孩子一生的发展具有的深远影响，但其实孩子的个性特征也会影响父母的教养方式和效果。父母和孩子是交互影响的。这一点往往被我们忽略。

孩子最初表现出来的这些特点是孩子个性发展的基础，这种差异或特点制约了父母或其他教养者的教养方式和效果。

- 喜欢别人抱的婴儿会促使母亲对他表现出更多亲热的行为。
- 依赖性强的孩子往往会得到父母更多的帮助。
- 喜欢成人注意的孩子往往更易得到成人的关注。

父母如何接纳和引导内向的孩子

父母和孩子之间是交互作用、彼此影响的。所以，了解自己和孩子、接纳自己和孩子，是成为父母的起点，也是孩子幸福的起点。但我在实际工作和咨询中，接触了大量很难接受孩子性格内向的父母。比如，曾有一位孩子只有 2 岁半的妈妈问我：

女儿 2 周岁 6 个半月，比较慢热，也比较认生，在陌生环境下非常黏人，怎样才能让她变成一个活泼大方的小姑娘呢？

在实际社交环境中，也许那些"不怕生""爱打招呼""能主动交朋友"的孩子会得到更多的赞扬，家长也会觉得孩子更省心，自己更有面子。但也有些父母为他们活泼大方、爱打招呼的孩子感到苦恼，比如我儿子丰收就属于这位妈妈口中的"活泼大方"的小伙子。他 1 岁多的时候，就会主动对着车窗外的陌生老奶奶挥手打招呼，在我们居住的小区里见到物业人员、保洁人员都会打招呼，还会说"叔叔阿姨辛苦了"，在小区里他认识的人比我们认识的都多。但作为父母，我们认为不必见谁都打招呼，见谁都活泼大方，那样反而会显得没有"边界感"，且随着年龄的增加、环境的变化，活泼好动的他需要在行为规范、言行举止的分寸上有更多的调整，以提升自我管理的能力。依据这样的价值观，我们会告诉丰收：对哪些人不必每次都打招呼，不需要过分引起别人的关注，别人也没有我们想象的那么关注自己，不能有妨碍别人的行为等；在哪些场合要展现活泼大方、得体的一面（比如，和朋友外出郊游的时候、在学校表演节目的时候等）；在哪些场合、面对哪些人，需要冷静观察、遵守规则，节制自己的言行，更多地去倾听，展现出内敛的一面等。

作为父母，有自己的价值观偏好很正常，很多父母不喜欢内向的性格，尤其当孩子在社交中展现出"慢热""不爱说话""不善言辞"的时候，父母总是担心这意味着孩子会在社交中处于劣势，不能自如地表达自己或为自己争取机会等。但如果父母不能接纳这种性格中天然的因素，一味地要求内向的孩子变得活泼大方，甚至因此产生很大的焦虑，潜意识里对孩子比较排斥甚至嫌弃，这才是问题。对孩子来说，最幸运的是父母喜欢他天然的样子；最不幸的是，父母希望他变成别人的样子。

很多父母虽然在理智上也承认外向性格和内向性格各有利弊，但在情感上，他们依然难以接受孩子与生俱来的内向性格，这是为什么呢？因为这些父母的头脑中传承下来了某种刻板印象，那就是"活泼大方比内向慢热要好"，他们觉得外向的性格意味着"更好、更优越"，并伴随着一些正性的联想，比如主动、受欢迎、引人注意、思维敏捷、更有竞争力等。而内向的性格则意味着"不对，不够好"，并伴随着一些负性的联想，比如被动、不受欢迎、窝囊受气、容易被忽视或被欺负等。很显然，这些负性的联想仅仅是把"内向""被动""被欺负"等这些抽象化的概念在头脑中进行了串联，一旦这样的逻辑链条建立起来，父母就会用这些抽象的概念去给自己内向的孩子贴标签，认为自己的孩子已经并将一直处在劣势，或将滑向更糟糕的发展方向。

这也是"教条化"的思维习惯比较容易导致的一种内心冲突。"A 绝对比 B 优越"的认知让一些父母陷入了"价值观焦虑"：我认为内向性格不好，外向性格更好，内向就是会更吃亏的，因此孩子的内向性格意味着他处在劣势地位，现在不如别人，以后也有可能不如别人，这让我焦虑、恐惧，甚至嫌弃内向性格，希望极力摆脱内向性格。因为教条化的思维无形中让我们觉得只有"靠近某种绝对真理"，才是安全且优越的，否则就是低劣的、不好的，让人焦虑和无法耐受的。

印象很深的还有一位妈妈曾经向我咨询：

- 女儿 6 岁过于内向，属于班里的"空气型"同学，3 岁起给她报了各种社交类兴趣班，但却没有效果，我该怎么办？我和他爸爸都要放弃她了，虽然这是气话。

- 她一直都是全班表现最差的学生，面对老师提问不能即刻回答，老师问她好几遍，她才能有反应，而且说话声音像蚊子哼，惜字如金，颠三倒四，无论怎么鼓励、激励，都没有明显的进步。（智商没问题，在家和父母会正常沟通）

- 所有老师都不约而同地跟我反映，这个孩子太不爱说话了，太内向了。她遇到这么多小朋友，也没一个能跟她建立起稳定的友谊，她在学校里长期作为"边缘人"，跟同学玩很被动，人家不找她，她绝对不会主动找别人。

- 她下半年就要入学了，我挺着急的，我会站在老师的角度考虑问题，小学每个班都有四五十人，这种性格的小孩很难指望老师对她有什么关注和引导，可想而知，她整个求学阶段都会在性格问题上吃很大的亏。

我能理解这位妈妈的焦虑甚至是恐惧，但整个咨询过程让我有点儿窒息，感觉她的女儿要"完蛋"了，可她才 6 岁。

我经常对父母说：过分的担心就是"诅咒"。做儿童教育、家庭教育咨询的这 11 年，我看到很多孩子都在很小的年纪被父母贴上了各种标签。就像这位妈妈的女儿，3 岁时就被父母拿着放大镜检测说：找到了，这儿有个问题，内向！仿佛这个小女孩从 3 岁起，就被她的父母判定"有罪"了，这个罪是加引号的，是指她不小心触犯到了父母的"底线"，如果不马上回答老师的问题、大声唱歌或说话、扑向小朋友，她就要毁了！妈妈仿佛在说："我不能接受！我就要放弃她了！这还怎么养？这样的孩子，得治！治不好了！怎么办啊！好想算了吧……因为不值得，不会有好结果……"

写到这里，我不免为这个孩子感到难过，她才 6 岁，就算她天性内向，但她一定更痛恨自己为什么让妈妈觉得养她会是个"灾难"，或是个"巨大的负担"、未来的定时炸弹。这么笃定的"嫌弃"是如何发生的？妈妈需要好好地内省，觉察自己情绪背后的"教条化""灾难化"的逻辑和观点。

让这位妈妈恐惧的逻辑是：内向→交流差→不受老师重视和喜欢→没朋友→孤独和不自信→空气型→边缘人→失败人生……

妈妈频繁地使用一些绝对化的词句给孩子下结论——"空气型""边缘人""全班表现最差""可想而知她整个求学阶段都会在性格问题上吃很大的亏"，仿佛人生真的是一道数学题，有绝对正确的答案，否则就是不够优越的，不会幸福的，不会有好结果的。

但其实：

- 自卑才会让孩子吃亏。
- 不快乐才会让孩子吃亏。
- 悲观僵化的思维才会让孩子吃亏。

　　除了思维习惯上的局限，父母不能接受孩子内向还有 3 种常见原因。

　　（1）父母本身性格内向，他们在成长过程中因为被自己的父母过度纠正而对内向的性格产生了内疚甚至羞耻的情感体验。虽然他们成年后可能确实因为性格内向而面临一些挑战，但实际上这些挑战更多地源于社交能力的不足，如语言表达、沟通谈判、觉察他人、理解情境和妥善处理人际关系等能力有待提升。这种社交能力的欠缺导致了他们的自卑和愤愤不平。因此，他们会将自己对内向的排斥情绪投射到孩子身上，尤其不能接受孩子像小时候的自己那样。孩子的内向会唤起父母小时候因负面评价而带来的羞愧体验。这种情况也常见于对孩子被欺负过于敏感的家长，他们可能会反应过激，并产生许多灾难性的想法。

　　（2）父母本身性格外向，不能理解孩子为何不像自己。试图通过改变孩子，来获得自我认同感，因为他们对和自己完全不一样且"不如"自己性格"好"的孩子，有一些贬低甚至瞧不起的态度。他们为自己外向的性格而感到自豪、自信，有很强的优越感，希望自己的孩子和自己一样优越。而事实上，他们的孩子很内向，不爱说话，很难在公众面前引起别人的关注和称赞，他们自己又缺乏与内向的孩子产生情感联结与交流互动的能力，因此他们时常感受到很挫败，很着急，甚至有点儿生气。但他们大概率不会怪自己，不会归因于是自己不擅长和内向的孩子相处，只会怪罪孩子，认为是孩子的内向导致了自己的教养不顺利。

　　（3）社会给我们的认知绑架。能言善辩、热情开朗的人似乎更容易在社会中获得关注、掌声和利益，但因为能言善辩而获得的短期好处是有限的，没有人会真的因为某人性格外向、会说漂亮话、会辩论、会据理力争就觉得他是全世界最好、最棒的人。因为性格和能力只是两个抽象的词，而人的成功和优秀是千千万万的样子，说到底，人的成功和受人欢迎，不会是性格这个单一因素在起作用，而是很多综合因素带来的。

我们更关心的问题是：是什么经历、认知和信念让这位妈妈有这样的焦虑？通过深入的咨询，我发现这位妈妈之所以有这样的推论，是因为她小时候也听过大人这样评价自己，让她感觉非常羞愧，这是她自己童年时形成的自我形象的焦虑感，因此她特别害怕女儿身上出现这样的性格特点，以至于这位妈妈对孩子的鼓励和激励，在语气、姿态上有时候更像是一种温柔的强迫，温柔地迫使孩子去与人交流、上台表演，孩子感受到的仍然是非常强烈的自卑感：我不够好，我很差劲，我是不被接纳的。当孩子表现出拒绝和反抗时，妈妈脸上失望的表情、焦虑的话语，都让孩子再次体验到强烈的羞愧和焦虑。这也会让孩子更加不愿意在公开场合表达自己的观点，变得更加不合群起来。童年的这些"不被接纳"的经历，一旦过量，便会给孩子造成毒性压力，毒性压力不仅会造成心理阴影，使孩子产生羞耻感，甚至自责、自我攻击，还会损伤孩子大脑的发育。

因此，父母要学会分辨哪些是孩子与生俱来的自然属性，接纳孩子个性中先天的因素，让他感受到自己是被接纳的，这一点非常重要。同时也要学会分辨哪些是可以通过学习、父母的引导、花时间训练得以增强的后天因素，然后聚焦自己可控的、可以去影响的部分，鼓励孩子发展他的社会属性，增强对自我、他人和社会的理解，提升与人打交道的能力，练习如何在不必成为"别人"的前提下，成为"更好的自己"，在发展自我和适应社会之间找到平衡。

比如，前面那位妈妈说自己的女儿"面对老师提问不能即刻回答，老师问她好几遍，她才能有反应，而且说话声音像蚊子哼，惜字如金，颠三倒四，无论怎么鼓励、激励，都没有明显的进步"，对于这种语言回应迟缓的现象，我们需要辨别是先天因素中的身体机能有待发展，还是受后天环境影响的心理因素所致。

（1）身体机能方面。平衡觉发展不足、身体协调能力弱的孩子，听觉辨识能力和语言理解力弱，表现出来的就是：没回应、反应慢、不理人，听不到或理解不了老师的重点信息，容易走神等。

负责平衡的器官是我们的内耳前庭，它对应的是大脑颞叶区域，颞叶具有听觉辨识的能力和语言理解的能力。孩子的平衡只有得到足够、良好的发展，才能对别人的话语进行理解，进而拥有倾听和回应的能力。因此，孩子的这种"不回应别人"的现象，不能简单归因于性格内向。

父母与其焦虑孩子内向的性格，还不如采取一些促进平衡觉发展的干预方式。比如：

1）多带孩子运动。鼓励孩子玩平衡车，学骑自行车等，这些适龄的运动项目，可以提升孩子对身体的掌控感，练习大肌肉和小肌肉的移动技能与操控技能，增强孩子的身体平衡性，促进左右脑协同发展。

2）那些因为孩子内向而选择的讲故事兴趣班、主持人兴趣班要慎重筛选。 更好的练习语言互动的方式不是"一对多"的演讲、单向沟通，而是"一对一"的双向沟通。所以，父母需要增加与孩子一对一的耐心沟通。睡前和孩子谈心、聊天、读绘本，同时，多向孩子提问题，让孩子自己思考、自己回答。在沟通时，父母需要放慢语速，耐心等待孩子回应，不仅肯定孩子的回应内容，更要欣赏孩子的思考过程。最重要的一点是要让孩子感受到我们对他这个人的内在世界充满好奇，这样，孩子才会愿意回应我们，和我们交流。

（2）受后天环境影响的心理因素方面。 比如，父母的养育方式导致的孩子不自信。3 岁前是否存在过度保护？不让爬高上梯？过于限制孩子的身体探索和自主的活动？是否经常当着孩子的面说孩子胆小、内向不好，给孩子造成了大量的负面心理暗示？贴标签对一个孩子的心理成长来说危害很大。

父母与其焦虑孩子内向的性格，还不如给孩子一些积极的暗示，在社交上给予孩子现实的指导。如果我们希望增加孩子的社交意愿，让他有机会交朋友，需要注意以下几点。

1）要先停止"负面的暗示"。 即使孩子确实表现出不主动社交的特点，父母也不要经常给他"慢热""黏人""不喜欢跟小朋友玩""没朋友"这样的评价，而要平静地接纳，克制住自己想要脱口而出的负面评价，把那些"下结论的语言"变成"暂时性的语言"。比如：

- "你暂时还没准备好过去一起玩吗？"
- "你只是暂时想和爸爸妈妈一起玩，是吗？"
- "你想过一会儿再决定要不要过去玩是不是？"

这样的语言，一方面肯定了孩子有"不主动"的权利，同时也给了孩子积极的暗示和适当的授权："你可以先不去，但我们可以保持观察，等你准备好了，我们可以随时过去。"这样，孩子就不再受困于自身难以改变的因素，而是被加强了主体性，他可以根据自己的需要和外部环境与时机，来自主选择什么时候去交往。父母需要把自己和孩子的注意力放在如何提升后天的社交意愿、社交技能上面。

2）不必过于追求朋友的数量，而要提高友谊的质量。如果我们看到一群小朋友在一起玩，就推着慢热的孩子过去，孩子一定是抗拒的。因为孩子本来就慢热，让他去面对一群陌生的同伴对孩子来说难度太大了。我们可以先从一个小朋友开始，从相似的兴趣爱好着手，增加接触的频率，从认识到成为好朋友，从一起玩到有点儿想念，帮助孩子先体会到社交的情感联结和交友的乐趣。比如，这位妈妈提到孩子喜欢画画，那么我们就可以留意一下，孩子在画画班上有没有哪个小朋友是可以玩到一起的，哪怕是短暂的互动也好，借彩笔、寻找喜欢的颜色，或者有眼神的接触、动作的模仿，等等。父母可以创造条件，引导孩子与这个小朋友多接触几次、多玩几次。通过寻求共同语言、分享玩具、展示自己的作品、有冲突又和好、有分离又有想念的过程逐渐建立起友谊，慢热的孩子会把这种建立友谊的经验扩展到第二个孩子、第三个孩子。友谊的质量和深度也会帮助慢热的孩子体会到社交的情感意义。这种先从一个社交对象开始增加频率、提升友谊质量的方法，聚焦的就是如何在孩子个性特点的基础上增强他的社会属性，这恰恰是父母要去重视的。

3）减少孩子与大人交往中的压力和焦虑。如果孩子在和大人的互动中很少得到乐趣，更多的是得到要求、命令、考验，那么孩子可能会觉得与人交往是一件有压力、很焦虑的事情，进而会回避与同伴的交往，更喜欢自己轻轻松松地玩。父母要学着做孩子的玩伴，比如一起画画、一起搭积木的时候，爸爸妈妈要跟孩子平等地交流玩耍，而不要在陪玩的时候扮演老师的角色，安排和指挥孩子："你先画一个，我再画一个，你会画吗？你这样画得不对，我来教你，给我这样做……"如果父母不自知地总是扮演领导、老师等权威者的角色，哪怕在和孩子玩耍的时候，也无法放松自己，无法与孩子平等相处、自在开怀，那么孩子会很容易感到与成人交往的压力和紧迫感，慢慢也会缺乏与他人交往的积极性。

与其花很多时间改变孩子的自然属性，不如接纳孩子的个性特征，找到适合孩子的教养方式，促进孩子的社交意愿，提升他的社交技能。就像很多时候并不是孩子有问题，而是孩子缺乏某些能力，需要成长而已。

界定哪些事由孩子做主，父母学会授权和放手

传统的中式教育比较倾向于以父母为中心，要求孩子"听话"，孩子围绕大人转，围绕大人世界认可的规则转，甚至几乎每时每刻都要围绕父母的感受和喜好来行动。大人们会有意无意地用"乖"来衡量一个孩子的好坏。看似淘气，实则是人

格中自主性发展良好的孩子总是会被批评和责罚。为了得到大人们的喜爱和表扬，少受到处罚和责骂，有些孩子渐渐学会了将自己真实的感受压抑下去，努力做出乖孩子的模样来讨大人欢心。很多孩子甚至过早地成长为"小大人"，从成人世界"获益"（被称赞、奖赏），或仅仅为了在成人世界生存下去而"避难"（避免批评、责罚），这些孩子的社会生存技能可能得到了不得已的提前训练，但很多研究发现，小时候表现得越乖、越懂事的孩子，长大之后的心理问题也会越多。因为童年本应该是一个人的自我意识、自主性和内在力量萌芽、生发、积蓄、蓬勃的最佳时期，而这些孩子的自我意识、自主性、内在力量却在一开始就被紧紧束缚、默默削弱了，不足以为整个生命的持续成长提供养料和能量。

> 儿童是族群中最合乎健康、最甜美的，因为他们是上帝手中最新鲜的杰作。他们富于幻想、聪明灵敏、调皮捣蛋，让这世界充满喜乐及美好的气质。
>
> 而我们大人过着他们所谓的"烦恼不安的生活"，一种关于他们惊人活力的防御性生活，一种为了符合期望的辛勤生活。
>
> 我们将他们送上床后，才松了口气，清早再以愉悦、期待跟他们打招呼。我们羡慕他们精神饱满，勇于冒险和探索。儿童的这些特质，增进我们生活的神奇感。
>
> ——赫伯特·克拉克·胡佛
> （Herbert Clark Hoover）

孩子的自主感与权力分配的界定

成人的世界和孩子的世界有很多不同。

童年的珍贵就在于，如果幸运的话，它可能是人一生中唯一充分地体验过"世界都围着我转"这种感觉的时期，这是什么感觉呢？自由、自主、尊重、亲密、信任、快乐、大笑……如果用一个词概括就是：满足。

但这一切是从什么时候开始被削弱的呢？孩子是从什么时候开始被限制的呢？大部分孩子是从会走会跑了开始，也就是人格发展到强调自主性的时期（1.5～3 岁左右）。

埃里克森（Erikson，德裔美籍发展心理学家）经典的人格发展的 8 个阶段理论（如图 4-1 所示），认为人的一生一共有 8 个阶段，每个阶段都有一个人格发展任务，也叫危机。如果每个阶段完成发展任务，人格得到积极培养，就能形成积极的品质，否则就会形成消极的品质。

阶段	年龄	人格发展任务（危机）	积极品质
1	0～1.5 岁	信任 VS 不信任	希望（hope）
2	1.5～3 岁	自主 VS 羞怯、疑虑	意志（will）
3	3～5 岁	主动 VS 内疚	目的（purpose）
4	5～12 岁	勤奋 VS 自卑	能力（competence）
5	12～18 岁	同一性 VS 角色混乱	忠诚（fidelity）
6	18～25 岁	亲密 VS 孤独	爱（love）
7	25～65 岁	繁殖 VS 停滞	关心（concern）
8	65 岁以后	自我整合 VS 失望	智慧（wisdom）

图 4-1　埃里克森人格发展阶段理论示意图

我们重点来看前两个阶段（0～3 岁）。

0～1.5 岁是发展信任感的黄金期。养育者主要的任务是让孩子在这个时期获得对父母、养育环境的充分信任，对人和世界的信任感是形成健康人格的基础，也是人生今后发展的基础。信任在人格中形成了"希望"这一品质，它起着增强自我力量的作用。具有信任感的孩子敢于希望，富于理想，具有强烈的未来定向；反之则不敢希望，时时担忧自己的需要得不到满足。

在 1.5～3 岁这一阶段，孩子需要：发展自主感，体验意志的实现。亲子冲突一般从这个时期开始增多，孩子开始不听话了，"小天使"开始变身"熊孩子"了。平时在工作中，我接触到的亲子冲突方面的咨询，也是从这个时期开始增多的。

什么是自主感？从字面来看，自主就是自己做主。在这个时期，孩子学会了很多新本领，会说话了，会走、会跑、会跳了，能控制自己更多的身体机能了，比如，能控制大小便了。也注意到自己身体的能力和限制，渴望独立探索，想摆脱别人的控制、随心所欲，想要对环境施加影响力……

虽然人不能"随心所欲"，但体会到"我可以控制自己，还可以对环境有一份影响力"是特别重要的心理能力。这就是为什么"世界都围着我转"的感觉对孩子非常重要，这就是我们所说的内在力量感，内心的强大就是从这时候开始发芽的。**孩子从这时候开始"有意志"地决定做什么或不做什么，他们需要不断去自己决定，需要一些权力，来体验和证明自己可以说了算。这种自主感的表达是人格发展的养料，会让一个孩子**

真正有机会成为他自己，并体会到自己在环境中的力量和重要性。这不就是很多成人一生都在渴求的东西吗？

当然，孩子们很快会失望，怎么可能任何事都由他们说了算呢？父母自然会承担起控制孩子行为使之符合家庭和社会规范的任务，俗称"做规矩"。小到生活习惯，如训练孩子大小便，引导他们使用小马桶或坐便器，不可以随地大小便；大到安全和社交规则——"别人的东西不能随便拿，要发出请求，得到同意才可以拿""不可以打人，不能碰小朋友的头"等。孩子开始感到被限制，学习如何保证安全、遵守规则的过程就是初步社会化的过程。

父母的挑战在于过犹不及，把握不好度。既不能听之任之、放任自流，也不能过分严厉而牺牲了孩子的自主感。那么，如何让孩子感受到自我控制能力，又让孩子懂得遵守基本规则？如何既尊重孩子又尊重自己？如何让孩子拥有强大的自我，又能够与人合作、适应环境呢？

秘诀就是要把错综复杂的育儿问题分类，针对不同的事情，和孩子讨论并界定"权力的分配"。告诉孩子，在我们家大致有三类事情。

（1）**第一类事，"完全听你的，我们不会管"。**比如，冰箱上的贴纸怎么贴，你每天穿什么衣服，你一会儿吃几颗车厘子，你画画选什么颜色的笔，睡前选哪两本书等。家里一定要有这一类足够放权给孩子做主的事，孩子的自主性才有机会得到发展。

（2）**第二类事，"听规则的，没得商量"。**比如，打人骂人，未经别人允许拿别人东西，乱穿马路等影响第三方、涉及道德和安全等原则性的事情。**还有一些事情，听大人的（符合家庭价值观的），不需要商量。**比如，冬天要穿夏天的裙子，天天要用大人的化妆品，洗完澡疯玩、把水洒到淋浴房外面的地板上，让妈妈一直陪玩到半夜 2 点，用剪刀剪衣服，用水彩笔在爸爸脸上画画等这些有安全风险的、会感冒生病的、毫无必要但给父母带来麻烦的事情，父母当然可以拒绝。因为父母作为孩子的监护人，一定可以且需要基于成人的判断力、风险评估能力，对孩子的行为进行必要的管理。而且，针对家庭内部、不涉及第三方的育儿问题，不同的父母可以有不同的价值观标准，即个性化的接受程度。

（3）第三类事，**"大人和你可以商量，因为家里不止你一个人，也不止有大人"。**比如，每天看几集动画片，那个很贵的玩具买不买、什么时候买，可乐在什么情况下可以喝、每次喝多少，iPad 怎么保管；谁先洗澡，陪你玩什么玩具、玩什么游戏等。有一些事，随着你逐渐长大可以重新商量、界定。比如，分床、分房睡，电子屏幕使用时间等。父母需要根据孩子的年龄阶段，有选择性地发展出这一类需要立规矩、有商量余地的事情，这样既能避免家长独断专权、孩子唯命是从，也能避免孩子唯我独尊、家长毫无威信。亲子双方都需要学习如何协商、制订并执行规则，突破各自的自我中心主义，建立双赢、多赢的合作机制，让彼此的关系更成熟，家庭氛围更民主，孩子也会发展出更加独立、成熟的与人相处的策略和技能。

这样，每个家庭内部就都建立起来了相对完备的行为结

构，这个结构里既有规则、界限，又有自由的空间，更重要的
是孩子知道了自己在哪些事情上享有自由和权力，在哪些事情
上需要足够信赖和尊重父母权威，在哪些事情上要学习和父母
商量、沟通、合作。渐渐地，亲子之间的权力之争变少了，权
力分配的界限更明确了，针对不同类型的事情越来越能达成共
识了。当父母站在更高的维度上把育儿问题分类，并且告知孩
子根据不同类的问题去分配权力，选择放权、商量或者拒绝
的时候，就可以避免"一刀切""不知道如何把握度"等问题。
并且这个家庭内部的行为结构可以和别人家的不同，这一点我
们放到后面来讲。

如果孩子自主的需求得不到满足和鼓励，或受到恶意的批
评、嘲笑、干涉和惩罚，就很容易产生羞愧、自责的感受，并
对自己的能力产生怀疑和焦虑，情绪上的这种忧虑、恐惧会威
胁到孩子的安全感，促使一部分孩子采取顺从策略，通过"变
乖"解决一切。还有一些孩子会选择斗争，但几番挣扎之后还
是会被家长"打败""驯服"，带着受伤的、被迫妥协的自我跟
跟跄跄地度过这个时期。其中一些被家长"打败"的孩子会在
青春期"重振旗鼓"，爆发更加激烈的亲子冲突。我之前也研
发过青春期课程，给 11～14 岁的孩子上课，我对他们的父母
说过：总要被孩子"打败"一次，但不能被"打死"。意思就
是父母需要把握家长权威和成全孩子之间的度，挑战家长权威
是一个孩子成为一个有力量的成人的必经之路。

从这个角度来说，父母是孩子的"磨牙棒"。要让孩子
"磨你"，不要一直胜利，不要一直霸占着权力，不要偷懒，不
要只想快准狠地解决眼前的事儿，而牺牲了让孩子理解你、理

解规则，自愿自主去做好的可能性，错过了让孩子知行合一的机会。

那么，对于那些可以让孩子做主的事，父母如何授权和放手呢？

从人格发展的角度而言，要在孩子 1.5～3 岁这个时期重点去培养孩子的自主感。这个时期就是我们常说的"terrible two"，即可怕的 2 岁。大家都听说过青春期是叛逆期，但其实人生的第一个叛逆期在 2 岁左右。所谓叛逆期，其实是孩子具备了自我意识之后，开始想要通过说"不"、拒绝别人来体现自己的力量。父母需要在这个时期满足孩子想要做主的愿望，帮助孩子实现自己做主。

如何培养孩子的自主感

1. 适当地成全

在非原则性的事情上，尽可能询问孩子的想法，允许和配合孩子实现小愿望。比如：

- "这两件衣服你想穿哪一件？"
- "这个贴纸你想贴成什么样？"
- "你想涂成什么颜色？"
- "你想我们用两只手拉小火车啊？"

在日常生活中找机会适当地成全和配合孩子，让他知道在哪些事情上他可以自己做主，他是有影响力的。避免习惯性地指挥孩子，要求孩子去执行，而不给他思考、选择和做决定的机会。

同时，不需要任何事都去询问孩子、顺从孩子，否则就属于过度授权了。比如，对于刷牙、洗澡等日常惯例类的事，你问孩子"去洗澡好不好，去刷牙可不可以"，他大概率会说"不好、不可以"，这种涉及日常起居、行为习惯类的事，直接给予简单柔和的指令即可。如果父母事无巨细、不分轻重缓急地都去询问孩子的意见，给予孩子过多的选择权，反而会让孩子养成不假思索地说"不"的习惯。

还有一些规则是个性化的，每个家庭的规则与底线可以不同。比如，有些妈妈吃完饭必须第一时间洗碗，让孩子等待，妈妈洗完碗，再陪孩子玩；有些妈妈可以放下正在洗的碗，去陪孩子玩。不同的家庭可以有不同选择，但重要的是孩子学到了什么。孩子是学到了"我重要，其他人不重要，别人应该随叫随到，完全配合我"，还是学到了"我重要，别人也重要，我也需要等待和配合别人"？所以，成全可以成就孩子的自主感，但成全一定是适当的，不是绝对的。

2. 安全地放手

除了适当地成全，父母还需要小步地、循序渐进地放手。比如，在安全教育方面，要避免过度控制环境或过度保护孩子，尽可能给予孩子独立探索的空间，鼓励孩子去挑战困难，允许孩子犯错，相信孩子可以从过程中学习。

与挫折一样，危险是人生的常态。真实的生活就是由风险构成的——身体上的、情感上的、社交上的。作为父母，我们不可能保护他们一辈子不受任何危险的侵害，即使真的做到了，对孩子的成长也有害无益，因为表面上的保护实际上是在剥夺孩子成长所需的正常而真实的环境。

过度控制环境和过度保护也许能让孩子得到暂时的安全，但会让孩子错失建立安全意识和锻炼危险应对能力的机会。

- 单纯地控制环境会让孩子失去对危险的认知和体验。适度的、可接受的对危险的体验，可以增强孩子的安全意识。体验过被烫的感觉，皮肤感觉过痛，下次才不会轻易去摸热水杯；在大人的保护下轻轻摸过剪刀锋利的地方，自己用剪刀剪开过一张纸，孩子就会对锋利有直接的体验和认知。

- 过度地控制环境，如把家里所有的柜子、抽屉都锁上，会让孩子觉得"锁上的都是危险的，开放的都是安全的"，但事实上，没锁上的地方也不是绝对安全的，关键是孩子根本不知道什么东西是可以翻的，什么东西是不可以翻的，翻了会怎么样等，失去了更加广阔的认知机会。

父母需要为孩子创设适龄的安全环境，根据孩子的月龄、体能发展水平、认知发展水平来调整对环境的控制程度，提供适度的监护行为，避免过度的情绪反应。有时候不是危险本身让孩子害怕，而是家长那种声色俱厉、恐吓惩罚的方式让孩子害怕。

对父母来说，放手从来不是一件容易的事情。就好像有些妈妈看到两岁多的儿子从高高的滑梯上往下滑，明知道他已经滑得很熟练了，心里仍然会不由自主地升起一种恐惧感。当我们追溯为人父母者的种种焦虑和不安的根源时，会发现其中其实有着一种对孩子深深的误解——孩子如瓷器一样脆弱，他们没有足够的智力评估生活中遇到的风险，也无法从错误中学习，所以成年人的责任是保护他们远离一切风险，无论付出什么代价。

但事实上，孩子并没有我们想象中的那么脆弱。即使是刚出生的孩子也有避害趋利、自我保护的本能反应。比如：新生儿因为视觉发展不成熟，嗅觉和触觉就会异常灵敏，帮助他们在饿的时候产生觅食反应；9个月左右，婴儿的深度知觉（即立体知觉，对立体物体或两个物体前后相对距离的知觉）就发展得很好了，所以有些9个月以上月龄的宝宝如果爬到床边，看到床和地面的高度差，有可能停下来看一下，而不是让自己掉下去；2岁以上的宝宝甚至可以自己目测，从多高的台阶上跳下是安全的，跨过多宽的水上石台阶是需要大人抱过去的，等等。进化既然赋予了孩子冒险的天性，也就必然给予他们生存和自我保护的本能。

当孩子们有了一定的生活经验以后，对很多事情就会有天然的判断力，我们需要首先相信他们的判断力。孩子遇到危险的时候正是他们学习自我保护的时候。我们要适当允许孩子体验风险，适度的冒险是有价值的。过度保护反而剥夺了孩子学习自我保护的机会，也会让孩子失去对危险的敏锐度。

可以说，孩子独立自主的成长过程就是学习如何管理面临危险的恐惧的过程。通过参与有危险的游戏、应对危险的模拟，孩子们能够主动获得克服害怕的体验，获得自主感和自信心。这就需要父母在自己能够掌控的范围内适度地放手。

　　与其一味地杜绝学龄前的孩子碰剪刀，还不如让孩子知道哪里是可以握的，哪里是锋利的、绝对不可以碰的。骑滑板车、自行车时，体验过摔跤，孩子才能意识到怎样的动作是危险的，怎样的动作可以保持平衡，于是学习到了相应的技能，不断积累的成功经验才能让孩子感到自己有能力在飞驰的速度里获得安全与自信。

　　培养孩子对危险的敏锐度。比如：哪怕是绿灯，过马路时也要左右张望，快速通过；哪里是司机的视野盲点，司机在车上有可能是看不见小朋友的，所以在车库里也不能乱跑；又高又大又莽撞的小朋友疯跑过来，差点儿撞到别人的时候，问孩子"你注意到了吗？你会怎么做来保护自己"，提问以启发孩子思考环境中潜在的风险，补充生活常识和关键性知识，这样孩子才能够在发挥自主性的同时，具备安全意识，运用自己的风险应对能力。

　　适度的危险体验本身就能够让孩子有所学习，比如埃伦·桑德斯特（Ellen Sandseter）建议孩子们在成长过程中经历以下七大类冒险游戏：

　　（1）探索高度，或者得到"鸟儿的视角"——她认为"高度能够激起人对恐惧的知觉"。

　　（2）拿危险的玩具，比如锋利的剪刀、刀子或沉重的锤子，起初这些看上去都是孩子很难掌控的，但孩子需要学着去掌控。

　　（3）接近危险的地方——在有大量水的河、湖、海、池塘、水池以及火的附近玩耍，这样孩子将会锻炼出对环境危险的敏锐度。

（4）混打游戏，如摔跤、玩乐性打斗。这样孩子能学会处理攻击和合作。

（5）速度，比如骑车或滑冰。

（6）迷路和寻找方向——当孩子们感受到迷路的危险时，就会有强烈的冲动去探索未知的领域。

（7）探索一个人独处——"当他们独处时，能够学会对他们自己的行动和决定的结果负全责，这着实是一种非常惊险和刺激的经验。"

（请注意：以上提到的冒险游戏和活动应在家长或成人的陪同下进行。家长应根据孩子的年龄和能力进行适当的指导和监督，以避免意外事故的发生。）

如果孩子在学龄前被限制过多，得到的批评和惩罚过多，则会对自己的能力产生怀疑甚至产生羞耻感，感受到自己不能做主，不能控制自己的行为，不能实现自己的愿望，自己的想法不重要，等等。父母适度地放手，有利于发展孩子的自主感，帮助孩子克服羞怯、疑虑，体验意志的实现，孩子的人格发展就会在这个时期形成"自主""自我控制""意志"等品质。

界定哪些事由父母或规则做主，父母学会拒绝和制订规则

现在越来越多的家长已经能够在家庭教育中给予孩子充分的尊重和自由，孩子们也都有自信、有个性、有主见。但随之而来的是很多父母经常为如何拒绝孩子而发愁，面对孩子的一些非理性的要求，如何不过度满足呢？新时代的父母们开始思

考如何拒绝孩子才能不伤害他们的自尊心，如何讲道理才能让孩子真的明白"不是想要什么就必须得到"，如何在不强权、不胁迫的情况下让大哭大闹的孩子做出理性的选择，天性也不被压抑。

有一个 5 岁的小女孩，每天都要化妆、穿裙子，哪怕是在零下 10 摄氏度的大冬天，她也非要穿夏天的裙子去上幼儿园，这位小女孩的妈妈很苦恼，曾来找我咨询："这种要求能不能拒绝？怎么拒绝？一不满足孩子就大哭大闹、不达目的不罢休，父母该怎么办？如何不过度满足孩子呢？强行拒绝孩子之后，如何让她明白不是想要什么就必须得到？"

"不是想要什么就必须得到或拥有"这个道理，如何让孩子明白呢？当然是靠拒绝。

如果孩子想拿别人的东西，不给就打人骂人，我们还会犹豫要不要拒绝吗？如果孩子在幼儿园影响小朋友，影响老师上课，我们还会不知道如何让她明白这个道理吗？当然不会，我们会毫不犹豫、没有半点儿迟疑地说："不可以，因为你影响别人了。"这就是界限。对于家庭之外的界限（什么可以、什么不可以），我们非常清晰，能坚定不移地拒绝孩子，不会为此苦恼。那么，在家庭内部，面对一个个具体的育儿场景，我们为什么就困惑了呢？因为，我们不擅长把家庭内部的育儿问题分类。

"5 岁的孩子每天都要化妆，大冬天要穿夏天的裙子才出门"这类事情属于我们在前面分享过的 3 类家庭事件中的第 2 类，父母可以直接拒绝。一定要花时间、精力让孩子穿上裙子去冻一圈吗？当然不一定。因为这类问题属于非原则性、不影响第三方的家庭内部的生活事务类问题，每个家庭可以有差异化处理空间。父母作为孩子的监护人，可以且需要基于成人的判断力、风险评估能力，对孩子的行为进行管理。因此，有些父母评估下来觉得可以承受，那就允许；有些父母评估下来觉得不能接受，那就拒绝。对于这一类的问题，不必每家每户都一样，也没有绝对正确的完美选择。

因为家长不是育儿专家，更不是也不需要成为"教科书"。父母们在实际育儿中要避免变得教条起来，家庭教育落地到每个家庭的实际场景中，当然可以有很大的差异空间。不让孩子在冬天穿夏天裙子的家长，可能允许孩子在家里的墙壁上涂鸦；不允许孩子在家里的墙壁上涂鸦的家长，可能允许孩子在戴着电话手表的情况下独自从车库走回家……我们能说哪个孩子的自主性受损了吗？对于这类具体场景，不同的父母当然可以有不同的接受程度、不同的应对方式，我们不需要从"上帝视角"出发去审视每一件家庭内部的育儿问题。

为什么有时候父母拒绝孩子不那么干脆利落了？为什么拒绝和批评孩子让父母患得患失？

由于工作关系，经常有爱学习、爱思考却被"科学育儿"搞蒙的父母来问我：

- "到底能允许小孩吃糖吗？4 岁小孩一天能吃几颗糖？"
- "小孩 5 岁，想喝可乐，是不是一点儿都不能给他喝？"

- "3 岁孩子非要买玩具，不给买就满地打滚，能不能直接抱走？"

我每次都有点儿哭笑不得，也深深理解现在的父母太难了，太"学术"了，趋近于刻板了，我每次都会对他们"灵魂提问"：

- "这些问题，问 1 万个家长，会有多少个答案？"
- "这些问题是原则性的问题吗？影响第三方吗？"
- "每家每户是不是可以有自己的选择？"
- "每个家庭的接纳程度和应对方式都需要整齐划一吗？"

为什么我们下意识按自己的方式去教育孩子，会这么犹豫？我印象非常深刻，在一次情绪管理主题的父母课堂上，几位家长就打开了话匣子。

- A 家长："是啊！我就允许我们家孩子喝可乐呀！又不是天天喝顿顿喝，但我看你们前几个人都说没给孩子喝过，严格把控，显得我们家多骄纵似的，我就没敢说。"
- B 家长："对呀！如果在超市打滚哭闹，我是会直接抱走的，不管场面多尴尬，反正我力气大，但我看你们前几个人都说，要允许孩子哭，要理解孩子，要蹲下来好好说，显得我多黑脸多暴力似的，我就没敢说。"
- C 家长："就是啊，天那么冷，要光腿儿穿裙子，肯定不行啊，冻着了怎么办？在这种事情上还不能听大人

的？所有事都要和孩子商量吗？所有事都要让她去试
试吗？我们做不到啊！但我看你们都挺牛的，我就没
说话。"

当时真的引得大家哈哈大笑，所有父母都释然了，整个课
堂都活跃了起来，他们不想"教条"，但他们害怕被科学育儿
"审判"。所以他们想让孩子心服口服，想让别人不要"教育"
他们，但又怀疑自己。因为我们怕被别人说——"限制孩子的
自由啊""专制型父母啊""喜欢跟孩子权力斗争啊""这么小的
事还较真啊""你就是自己嫌麻烦啊"……

**现在的育儿文化环境对父母本身的接纳和关注太少了，大
多数理论都以孩子为中心，是面朝孩子、背对父母的，需要
父母不断做出改变，却对育儿场景没有进行区别分类，就导
致父母会生搬硬套，会患得患失，时间久了，也会让一部分容
易受暗示的父母刻板起来或束手束脚。**很少有人告诉你，在这
个具体育儿场景下，哪些不要过分担心，哪些最好不要做，哪
些你可以稍微调整一下，这就涉及具体场景下的育儿咨询，也
是我这么多年一直喜欢做个案咨询的原因，只有针对具体的育
儿场景、具体的孩子和父母，才会有适用于他们的具体的解决
方案。

基于大量的个案咨询，我发现很多育儿场景是可以被归
纳、分类的，父母需要站在更高的维度去看待纷繁复杂的育儿
问题，具体怎么做，要分事儿，要抓大放小。父母的养育风格
是对其在大量育儿场景而不是单一场景下的态度、处理方式的
抽象概括。

- 一个在坐摇摇车这件事上，就是本能接受不了，不想让孩子一直坐下去的父母，可能在吃饭挑食这件事上就能接受，觉得没什么。
- 一个在坐摇摇车这件事上，就是让他玩，甚至干脆在家里买一个摇摇车，让孩子天天自己投币自己再取出来无穷无尽玩的父母，可能在看动画片、吃糖这些事上，是有限制的。

我们只需要具体问题具体分析。我们可以探讨如何拒绝孩子，这是一个育儿基本技术，而养育风格真的不好说，因为是针对人的，我们不要轻易地给自己或别的父母下定义、贴标签。

如何更好地拒绝孩子呢？在事件的当下，核心是把孩子的愿望和言行分开处理。

父母往往想不通的是：理解和接纳孩子难道是指我要无限制满足他吗？当然不是。

我根据美国著名心理治疗师和家庭治疗师萨提亚的冰山理论，提炼出了一个"儿童情绪简化模型"（如图 4-2 所示），这个模型能够帮助大家学会如何解读孩子的情绪。

图 4-2　儿童情绪简化模型

"儿童情绪简化模型"分三层：

（1）最上面一层是行为，如哭闹、打人等，是最容易被看到的。

（2）中间一层是情绪，如失望、开心、伤心、生气、害怕等。

（3）最下面一层是需求。这个需求不是指"我要吃冰淇淋"，而是指"我想要吃冰淇淋的愿望被理解了、被看到了、被认同了"。这就是人类共有的被理解和被接纳的底层需求。

大人往往只关注"给不给吃""能不能做"，也就是第一层，只会告诉孩子"哭也没用，生气也没用"，但很少关注到第三层，就是认可孩子的愿望，让他们觉得自己的想法、需求、愿望是被理解的。**在需要拒绝孩子的时候，把孩子的愿望和言行分开处理，允许和接纳孩子的愿望和情绪，但要节制孩子的言行：**

- "你可以这么想，但不可以这么做。"
- "你可以生气，但不能打人"。

那么具体来说，父母可以怎么处理呢？

首先，父母要反馈孩子的愿望，说出孩子的感受。让孩子感受到被理解、被看到。然后温和而坚定地对不恰当的言行（包括打人骂人、满地打滚等影响他人的不健康的情绪表达方式）说"不"，并做好孩子会产生负面情绪的准备，允许和接纳孩子适当地体验负面感受。然后可以给出父母能接受的替代方案，或者把不当行为的后果用孩子能够理解的语言表达出来。

- "你想穿这条裙子是吗？但现在不是穿它的季节。你可以选发卡、发圈……这些东西不分季节，你可以选。"
- "嗯，你很喜欢这条裙子，但外面真的很冷，穿它你会感冒难受，不能出去玩了。"
- "你可以生气，但这里是超市，不能在这里满地打滚，影响别人。"
- "你可以不高兴，但不能说我是坏妈妈，这个词我不能接受。"

需要特别注意的是，首先，父母在表述这些内容时需要体会和练习不带敌意的拒绝，和孩子站在一边，而不是站在孩子的对立面，带着敌意高声呵斥。注意练习在表述时既体现理解，允许孩子有情绪、有愿望；又体现拒绝，声音沉稳、语气坚定地节制孩子的言行。因为父母在拒绝孩子时呈现的语气、姿态决定了表达效果。

其次，在孩子大哭大闹、让我们心烦意乱的时候，一定要少而精地说话。如果孩子已经习惯了用没完没了的哭来闹情绪，一定是因为这种方式有效，可以达到他的目的，或者，这是父母最怕、最烦的方式。哪怕不能被满足，但在情感上，这是可以有效缠住父母的方式，让父母"难受"的方式。所以，在需要拒绝孩子的时候，面对孩子闹情绪，父母要提醒自己尽量保持平和冷静，或者保持沉默，留白几秒钟、几分钟再回应孩子，表述不带敌意的拒绝。不要太着急去说服孩子，那样只会让孩子觉得你会被他的哭闹缠住。少强迫，多坚持；少生气，多坚定。时间久了，孩子的情绪管理能力就发展起来了。

最后，如果孩子的不当言行并非临时性的，或使用以上这些方式临时地拒绝孩子效果不大，孩子依然执意要重复不当言行，那就意味着父母需要提前制订规则，建立行为公约，而不仅仅靠临时的言语拒绝。比如，哪怕对一个看到摇摇车就要坐的 2 岁半的孩子，妈妈依然可以拒绝孩子这种坐个不停的行为，一开始父母都是满足孩子的，但当时间不允许或父母为此感到困扰时，父母可以通过提前制订规则来管理孩子这个行为。

提前和孩子约定好每天能坐几次摇摇车，给孩子有限的选择，平衡孩子的需求和父母能够接受的次数范围，并告诉孩子，如果约定的次数到了，孩子还要坐，父母会做出什么相应的管理行为。在出门前或日常某个谈心的时间，和孩子沟通：

- "你很喜欢坐摇摇车，妈妈也希望你高兴。"

父母依然要先反馈孩子的情绪和愿望，表达自己的理解和接纳。让孩子感受到"妈妈还是理解我的好妈妈"。

- "但路上还有别的事，不能一直坐下去，我们商量一下，每天最多坐两次，或者 3 次？你来选。"

直接地说"不"之后，给出有限的选择。注意语气要平等，避免说"那我给你两个选项 A 或 B，现在只有这两个选项，你选吧"这样的话。这一听就是居高临下地"挖坑"，孩子很可能说不出来哪里不对，但能感觉到这是自上而下的说服。年龄大一点儿的孩子很可能会回应"我什么都不选"，或说"我选 C"，以此来拆解掉父母给出的限制，因为他们感受到不安全、不愉快。

对于孩子痴迷坐摇摇车这类事，每个家庭也是可以有差异化的处理空间的。父母可以根据自己的时间、金钱、精力、价值观做出不同的应对。有些父母时间充裕，可以陪伴孩子一天坐 18 次，也不觉得厌烦，有些父母甚至买了一台摇摇车给孩子在家里坐。但如果你是那个不能接受一直坐下去的父母，不必感到疑惑和愧疚，你当然可以告诉孩子："18 次太多了，我最多接受 8 次。"不必担心，不必过度授权，就像什么时候刷牙、洗脸、做作业，要不要上学等这类涉及生活作息、日常惯例的生活事务，是不必过度授权的。

父母更应该关注的是如何分辨家庭事务的类别，以及对于第二类事务，在需要拒绝孩子的时候，如何协助孩子做好自我管理。

- *"如果坐满 3 次，你哭闹不愿意走，我会先抱抱你，亲一口，然后把你抱下来，我们一起和摇摇车说拜拜，你可以哭一会儿。"*

告诉孩子如果他没有遵守约定，父母会做些什么来协助他。

- *可以给出替代方案——"哭一会儿之后，你回家想喝酸奶还是吃苹果？"*

随着孩子逐渐形成了自我管理机制，这一步慢慢就不需要了。避免拿替代物或替代行为当诱饵，而是将其作为妈妈理解孩子的一种外化，尤其在改变孩子某种行为习惯的干预前期。

等孩子的情绪稍微平复一点儿的时候，也可以聊聊别的他感兴趣的事，转移一下注意力，但不宜太早。父母要允许失望、伤心等负面情绪经过孩子，给予孩子和负面情绪相处的时间，孩子的情绪调节能力才会更强，以后产生糟糕的情绪恢复起来才会更快。情绪宜疏不宜堵，不要"硬挠"孩子，让孩子赶紧好起来。

同样地，父母要让孩子感到"我不会被你的哭闹缠住，但我在乎你的感受"。避免过于着急、严厉呵斥、情绪失控等，注意语气平和，做孩子的"同盟"，不带敌意地拒绝，不带诱惑地共情。

第 5 章

一边管理孩子的情绪，一边提升孩子的能力

如何管理孩子的情绪

很多时候，孩子大哭大闹等情绪化行为会直接影响到父母的情绪。尤其在父母忙于处理烦琐的日常事务，感到身心疲惫、压力很大、能量很低的时候，父母更难去理解、接纳孩子的情绪，更容易失去耐心，情绪失控。因此，面对和处理孩子的负面情绪及闹情绪的不良行为，成为父母情绪管理中很重要的一个环节，即提高我们管理孩子情绪的能力，也可以有效降低我们自己发脾气的频率。

这时，很多父母就会说："难道只是理解、接纳孩子的情

绪就够了吗？孩子依然我行我素、屡教不改呀！"当然不够，理解和接纳孩子的情绪只是解决问题的前提，我们还需要同时帮助孩子改善自己的言行，否则，孩子这一次不哭闹了，下一次还是要无节制地吃糖怎么办？当把孩子的不良行为看作"屡教不改"时，我们会更加生气，很容易认为是孩子态度不好，故意和我们对着干，甚至认为是孩子性格不好，给孩子贴上了负面的标签。但其实，很多"屡教不改"的问题都不是孩子的态度问题，而是能力问题，是孩子的各项能力发展还处在较低的水平所导致的，比如认知能力有限、沟通能力不足、自控力薄弱等。

因此，这一章我们会展开来讲如何一边管理孩子的情绪，一边提升孩子的认知能力、沟通能力和自我控制（自我管理）的能力，以可沟通的方式减少孩子的不良行为，丰富孩子看待问题的视角，提升孩子的自控力，帮助孩子理解他人的感受、想法和行为背后的原因，更好地适应环境、与人相处。

认识育儿情境中的情绪

在第 2 章我们谈到过，情绪没有好坏之分，每一种情绪都有它的意义和价值。情绪本身是一个人在某个具体的、特定的情境里自然产生的东西。每个人都有权利感受到属于自己的情绪，哪怕遇到同样的事，别人不会生气，我也有权利生气，感受"我所感受到的"。所以，每个人的情绪和感受都需要被接纳，孩子的情绪也不例外。我们之所以会认为生气是不好的，是因为在生气时，人的情绪容易失控，人是相对不理智的，会说伤害人的话，会做过分的事。

因此，情绪管理的基本原则是"接纳情绪，节制行为"，接纳自己和孩子的负面情绪，同时节制自己情绪化的表达方式，优化自己的言行，管理孩子的言行。

管理孩子的情绪也是一样的，父母需要先理解、接纳孩子的情绪，允许孩子生气、伤心和害怕。在同一件事情上，允许孩子和我们的感受不一样，因为通常孩子和父母看待同一件事的角度不一样，对同一件事重要性程度的判断不一样。在这之后，父母再去帮助孩子节制和管理自己的言行。

落实到具体的育儿情境里，主要有两种情况：一种是孩子有情绪的时候，一种是孩子闹情绪的时候。

有情绪更多的是指孩子被动地产生了自然的情绪反应。比如，孩子被巨大声响吓到，玩滑板车摔伤哭了，因行程变化不能去游乐园而失望了，等等。**而闹情绪更多的是以情绪为工具，为了达到某些目的而"闹"，常常伴有一些过分的、不健康的情绪表达方式。**比如，为了吃糖一直哭一直哭；因为 iPad 被收走了而大喊大叫，甚至扔东西、摔坏玩具；在公共场合为了买玩具而躺在地上哭闹不愿意起来等。

这两种状态其实并不是泾渭分明的，很多时候，孩子是先有了自然情绪，如生气、伤心、失望等，然后慢慢演变成闹情绪的。同时，孩子闹情绪的时候，也是伴随着自然情绪存在的。只是这两种情况的处理方式不太一样，为了方便讨论，我们把它们分开，依次展开来看。

当孩子有情绪的时候，父母通常会先给孩子讲道理，但是孩子往往不听劝，无论怎么安抚都没有用。有时父母会妥协；有时会用奖励的方法转移孩子的注意力，但到孩子年龄大一点儿，奖励就不管用了；有时只能用吼孩子、打孩子等其他惩罚方法试图让孩子别哭了；有时会采取不理孩子等冷处理的方式。有些孩子会暂时安静下来，压抑自己的情绪；有些孩子会继续纠缠父母，直到父母再次采取训斥、吼叫等热处理的方式，再次陷入僵局。在这个过程中，父母的情绪也是愈演愈烈的，在哭闹不止的孩子面前，父母很难持续保持理智。那么，我们到底应该如何安抚孩子的情绪呢？

如何安抚孩子的情绪

2 岁的萌萌刚拿到邻居姐姐的毛绒玩具在玩，姐姐要回家吃饭了，无奈之下妈妈拿下玩具还给姐姐，萌萌大哭……

妈妈：姐姐要回家了，快还给姐姐。

孩子：（不乐意地把玩具藏在身后，不开心地说）不要！

妈妈：乖，还给姐姐吧！

孩子：不要不要！

妈妈：嗯？这样就不对了啊！玩具是姐姐的，必须还给姐姐，不能这么霸道啊！要讲道理！（说着就抢下来玩具还给姐姐）

孩子：（非常伤心、委屈地大哭）

妈妈：哭也没有用啊！姐姐要回家吃饭啊，好了好了，
　　　别哭了。

孩子：我不要！我不要！（继续哭……抽泣……）

妈妈：（妈妈抱起孩子，有些严厉）好了！别哭了！明
　　　天妈妈给你买一个好了吧？！

孩子：（继续哭……）

妈妈：再哭就不买了啊！好了好了，那先去买酸奶给
　　　你喝好了吧！（说着抱孩子走进超市）

孩子：（喝着酸奶，慢慢不哭了）

在这个场景中，萌萌妈妈先是给萌萌讲道理，试图告诉孩子不把玩具还给别人是很不礼貌的行为，试图让萌萌理解姐姐的需求，但于事无补，萌萌依然不愿意还，姐姐却着急回家。这时候，妈妈只能硬拿下玩具还给姐姐，导致萌萌大哭大闹得更厉害，妈妈的心情也越加烦躁，试图再给萌萌买一个同样的玩具来安抚她，最终通过买酸奶转移了孩子的注意力，只是不知道萌萌从这个过程中学到了什么呢。

安抚孩子情绪的传统方式

萌萌与妈妈的故事就向我们展示了一些安抚孩子情绪的传统方式。所谓安抚孩子情绪的传统方式，指的是一些我们比较熟悉的、容易脱口而出的安抚孩子情绪的方式（如表 5-1 所示）。

表 5-1　传统安抚方式及其短期效果与长期影响

传统方式	短期效果	长期影响
• 说教、驱使 • 否定、压抑 • 讨好、利诱 • 命令、威胁 • ……	• 继续哭 • 可能不哭了 • 可能哭得更凶 • 可能发脾气 • ……	• 我不够好 • 我不重要 • 靠别人哄 • 情绪能操控人 • ……

1. 说教、驱使

说教，往往是居高临下地说道理、说后果、说原因等，目的是证明孩子错了。就像刚才萌萌妈妈说的话："这样就不对了啊！玩具是姐姐的，必须还给姐姐，不能这么霸道啊！"讲道理有用吗？有时候有用，有时候没用。

驱使，往往是**直接要求**孩子去做什么或不做什么，**带有一些"立即""马上""必须"的意味**，就像刚才萌萌妈妈说："姐姐要回家了，快还给姐姐。"——**直接告知或者直接要求孩子还回去，仿佛一按按钮，孩子就要如机器一样马上反应，语气也通常是很有压迫感的**。驱使有用吗？有时有用，有时没太有用。

2. 否定、压抑

否定孩子的情绪，是指认为孩子"不至于、不应该或没必要"有那样的感受，试图说服孩子放弃他的感受。比如："有什么好哭的呀，都这么大了！""这有什么好怕的呀？！哥哥都不怕。""至于吗？！你哭有什么用？生气有什么用？"

压抑，即希望孩子的情绪不要表现出来，或直接灌输"小孩子就应该听大人的话，不能发脾气"这种从源头上压抑情绪外露的观念。比如"不要生气，不许生气""不可以生气，小孩子有什么好生气的呢""不要再哭了！这里这么多人看着你，丢不丢人？擦干眼泪，不许哭"。

否定和压抑有用吗？对有些孩子暂时有用，对有些孩子没用。否定和压抑有时候很像，甚至是同时出现的。

3. 讨好、利诱

这里指一些物质上的利诱，用好吃的、好喝的、好玩的东西来讨好孩子，用一些孩子感兴趣的东西、活动转移孩子的注意力，就像前文提到的萌萌妈妈用酸奶让萌萌慢慢不哭了。有时候，父母也会用交易的方式来让孩子配合，比如："如果你不哭了，我就给你玩一会儿手机，但你要坐在购物车里看，好吗？"讨好和利诱有时像一种补偿，有时像一种奖励，有时像另一种对孩子的控制。讨好和利诱有用吗？孩子会学到什么呢？

4. 命令、威胁

当以上方法都没什么用的时候，我们就会使用命令和威胁，带着强制和强迫意味，比如："必须还！别再耽误时间了！""你再不还回去，我就再也不带你出来玩了！晚上动画片也别看了！"

表5-1仅仅列举了一些我在多年的家庭教育咨询中常见的传统安抚方式及其短期效果与长期影响。还有更多内容是这张表里没能列举到的，比如奖励会让孩子学会讨价还价或不断升级物质要求等。相信大家已经开始有所思考，作为父母，自己

平时最常用的安抚方式及其短期效果和长期影响。可以尝试把思考整理在下面的空白表格里（如表 5-2 所示）。

表 5-2　传统安抚方式及其短期效果与长期影响（思考整理表）

传统方式	短期效果	长期影响
· · · · ·	· · · · ·	· · · · ·

必须说明的是，以上这些传统的安抚孩子的方法都是正常的，符合成人尤其是为人父母的常规思维模式和应对策略，尤其在情况紧急的时候、大人情绪不好的时候，我们只能采取强制措施，直接行动。但值得我们思考的是，孩子从这些父母对待他的方式里学到了什么？

在短期内，若父母持续采用上述安抚手段，孩子可能会选择忍耐不哭泣、压抑自身情感，但随后可能再次哭泣，形成循环，或者他们的哭泣可能加剧，脾气变得更大。每个孩子对相同情况的反应各不相同，即便是同一个孩子，在不同环境下也可能展现出不一样的反应。通常情况下，这些做法是父母基于本能的首选应对策略。

从长期影响来看，如果父母习惯性地只使用上述安抚方式，孩子可能会学到：

- 我不够好（从我们的**说教**、**驱使**和对他的情绪的**否定**、**压抑**里学到）。

- 我不重要（从我们对他的情绪的**否定、压抑**里学到）。
- 靠别人哄（从我们的**讨好、利诱**里学到）。
- 情绪能操控人（从我们的**讨好、利诱**里学到他的情绪可以操控大人，从大人情绪化的**命令、威胁**里学到大人的情绪可以操控他，他也可以利用情绪化来控制别人）。

需要重申的是，上述用于安抚孩子情绪的传统手段均属常规做法，广泛被家长们采纳。然而，尽管它们有时能在短期内迅速见效，但长远来看，仅依赖这些策略可能对孩子的认知发展、情感处理及其与父母的互动模式造成更为深远的影响。

有效安抚孩子情绪的方式

为了避免不恰当的安抚方式造成长期不良的影响，我们真正需要思考的是：为什么孩子不听劝？到底要如何有效地安抚孩子？

孩子之所以不听劝，可能是因为孩子觉得：

（1）你的话**"不好听"**。说教、驱使，否定、压抑，讨好、利诱，命令、威胁……与这些方式有关的话孩子听了不舒服，听了之后感受不仅没有变好，反而更糟。这些话让孩子**"关起了耳朵"，很多时候你越试图让孩子放弃他的感受，他越是抓着他的感受不放。**

（2）你也**"没听到"**。没有听到孩子真正的感受，只关注孩子表面的行为。虽然我们在试图安慰孩子，也觉得自己"听了"，但孩子感觉我们并没有"听到他们"，没有理解他们。就像父母和孩子在两个世界对话，我们在"自己和道理的世界"主张，孩子在"孩子的世界"哭喊。这也许就是为什么有些家长会感到孩子很固执，很难被安抚。其实，不是孩子执拗，**而是他觉得既然没有人理解他，他就更要为自己的感受"代言"。**

所以，安抚孩子情绪的关键是让孩子感到**"被理解"**。那到底如何**说进孩子的心里，如何听到孩子的感受呢？**

依然举前面 2 岁萌萌的例子，这一次，萌萌的妈妈尝试了新的方法。

妈妈：（蹲下来，看着萌萌的眼睛）萌萌，姐姐要回家了，萌萌，看着我，现在姐姐要回家吃饭了，把玩具还给姐姐吧。

孩子：（不乐意地把玩具藏在身后，不开心地说）不要！

妈妈：（和孩子站在一边，搂着萌萌的肩膀，眼神关切）嗯嗯，还想再玩一会儿，你还没准备好。但姐姐等不及了，请你还给姐姐吧。

孩子：（有些迟疑，但仍然没有松手）我不要！我不要！

妈妈：那妈妈就只能帮你还给姐姐了。（说着就拿下玩具还给姐姐）

孩子：（边哭边甩手、摇晃身体）

妈妈：（抱紧了一些，抚摸孩子的背）嗯嗯，你有点儿失望，很伤心。

（使用肢体语言、语气词、简单情绪词汇安抚一会儿，其他不多说，等孩子情绪出来一点儿并慢慢缓和之后）

妈妈：嗯嗯，你刚拿到手里，没玩多久就被拿走了。妈妈还掰开你的手。如果能多玩一会儿就好了。

孩子：（柔软下来，头埋在妈妈怀里哭，边哭边发泄似的捶打妈妈……）

妈妈：（继续抚摸孩子的背、头发、脸蛋）嗯嗯，确实不容易。

孩子：（慢慢稳定下来，擦着眼泪）

妈妈：你可以轻轻捶捶妈妈的手，或者我们站起来跳一跳？或者回家我们把"生气小人""伤心小人"画下来扔到你的"情绪垃圾箱"？

孩子：嗯！妈妈抱！（不哭了，情绪基本被安抚好了）

妈妈：好的。（抱起孩子，回家了）

　　这一次萌萌依然哭了，但她的肢体语言是慢慢柔软下来的，心情也越来越趋于稳定，这一次她感受到妈妈"听到了"她的需求，理解了她未被满足的愿望。萌萌妈妈的肢体语言也有了很多变化，比如和孩子站在一边、抚摸和拥抱孩子。除此之外，萌萌妈妈在语言和行为上也有了很大的不同。

　　有效安抚孩子的情绪主要包含以下 3 个步骤。

1. 反射式倾听

反射式倾听是一种倾听方式，其核心在于不带任何评判地听取对方的话语，并将所理解的内容反馈给对方，以确认自己的理解是否准确。

安抚孩子时我们往往更注重"如何说"，而容易忽略"如何听"。因为我们一听就认为自己听懂了，或不管自己有没有听到位，就开始说话了。父母们都很擅长讲道理，很容易一听完就用脑、用思维去说教和评判，而很少带着心和感受去听，充分地听，反复地确认。

下面有两则对话，大家可以边想象当事人的语气边阅读，思考哪一位妈妈的倾听属于反射式倾听。

对话一

孩子：（生气地说）我再也不和西西一起玩了！

妈妈：（马上说）为什么啊？

孩子：因为她总是演公主，不让别人演。

妈妈：哦，那是她不对，每个人都有机会演公主，你想演公主，你可以跟她说啊。

孩子：我说了也没用的，她就是很讨厌的人。

妈妈：她可是你的好朋友啊，你怎么能说你的好朋友很讨厌呢，这样以后没有人跟你做朋友了啊！

孩子：哼！

对话二

孩子：（生气地说）我再也不和西西一起玩了！

妈妈：听上去你非常生气，以至于你以后都不想和西西玩了。

孩子：对！每次她都要演公主，不让别人演！

妈妈：哦，因为她总是演公主，但其他小朋友和你也很想有机会能演公主，对不对？

孩子：对，我也想演！今天就该轮到我演了！但她还是要演公主！她就是很讨厌的人。

妈妈：看来你真的很失望，本来该轮到你演了，你很期待的，但还是没有演成。你很不喜欢她那样说。你又生气又委屈。

孩子：是的……妈妈……（感受到被理解）

妈妈：（抱着孩子，抚摸她的头安抚）

从对话一中可以看到，和妈妈沟通完，孩子的感受更糟了，因为妈妈没有听到她的感受，没有表达对她的理解，妈妈直接做出评判，仅仅试图去解决问题，甚至批评孩子，像一个法官。下次再遇到同样的困扰，孩子很有可能就不会和妈妈说了。而在对话二中，孩子感受到被妈妈深深地理解了，她的情绪被接纳了，也被有效地安抚了。因为妈妈像一个容器，促使她说出了自己的感受和愿望，承接住了她的失望、委屈和愤愤不平，然后这种负面情绪仿佛就被放下了、被疏解了。当然，安抚了孩子的情绪之后，妈妈可以扮演建议者，聚焦事情，给孩子提供一些新的视角，增进同伴之间的互相理解，或给予孩子一些切实可行的办法，提升孩子在同伴交往中的沟通技能。

那么，如何才能做到反射式倾听呢？

首先，反馈孩子的愿望。

在对话二中，妈妈是如何反馈孩子愿望的？她说：

- "以至于你以后都**不想**和西西玩了。但其他小朋友和你**也很想**有机会能演公主。"
- "本来该轮到你演了，**你很期待的**，但还是没有演成。**你很不喜欢**她那样说。"

这些句子都是用反馈孩子愿望的方式在"反射"听到的内容，让孩子感受到有人在听，并且听到了她的愿望，还花时间来跟她确认，她体验到了被重视的感觉。

然后，说出孩子的情绪。

- "你有点儿不高兴、伤心、失望、委屈、生气……"
- "你很失望，你有点儿生气。"
- "听上去你非常生气，以至于……你又生气又委屈。"

用情绪词汇帮助孩子说出他的情绪，这一点非常重要。父母多说、多反馈情绪词汇，不仅有助于孩子确认自己的感受，更有助于孩子模仿学习如何说出自己的情绪。

反射式倾听不仅能够让孩子感受到自己被理解，还能让孩子愿意诉说更多关于事情的细节，提升孩子的倾诉欲和沟通意愿。在诉说中，孩子越来越明确自己的愿望和感受，家长也能越来越了解事情的来龙去脉，有足够的时间思考和给出建议。好的沟通起点是父母的反射式倾听。

2. 走心共情

"共情"（empathy），也称为神入、同感等。由心理学家罗杰斯提出，是指体验别人内心世界的能力。

现在越来越多的家长知道要与孩子共情，但很多父母告诉我他们发现共情没什么用，孩子很快就知道了家长的"套路"，比如"嗯，你很生气、伤心、委屈、失望……但是……"，孩子感受不到被共情，只会感受到：父母表面理解我，只是为了说后面的"但是……"。或者共情之后，孩子的情绪更加激烈了，比如妈妈共情孩子不想去幼儿园是因为非常想念妈妈之后，孩子哭得更凶了，更加要求妈妈陪她一起去幼儿园。父母们也会感觉自己对孩子说的共情的话干巴巴的，比如"妈妈知道、妈妈明白、妈妈理解你……"。除此之外，他们不知道还能说些什么，不知道如何走进孩子的内心，如何才能走心地共情又不至于给孩子的情绪"火上浇油"。

需要澄清的是，父母当然需要解决实际遇到的问题，但有效安抚孩子的情绪是解决问题的前提，孩子的情绪稳定之后，沟通才具备了良好的基础。而用心共情是安抚孩子情绪的第二步。关于如何解决问题，我们会在后面展开。

用心共情包含以下两个注意点。

第一，适当描述细节。这里有两个关键词，**第一个是"描述细节"，即用白描的、有画面感的方式描述事实，描述你看到的画面、听到的话语。**比如：

- "你正在玩，还想再玩一会儿，玩具就被拿走了。"

- "姐姐要回家了，伸手想拿回去，妈妈也掰开你的手。"
- "你说今天轮到你演公主了，但西西没有回应，还坚持说该她演公主。"
- "你听到西西的声音很大，其他小朋友有的没说话，有的不高兴、皱着眉头噘着嘴。"
- "你本来想和小宝继续玩，但小宝也去睡觉了，你有点儿失望。"
- "爸爸去喊你，想要拉你走，你不高兴，你说你还想玩一会儿，但爸爸继续拉你。"

尽可能像录像机拍摄出来的那样描述人物、事件的细节，这样孩子会觉得你是真的看到了他的处境，你知道究竟发生了什么，你是真的理解他，而不只是为了说服他。通常，描述细节的后面也可以加上情绪词汇，即先描述细节，再说出孩子的情绪。

第二个关键词是"适当"，即共情要注意适度性，避免轻描淡写、流于表面，也不宜夸大孩子的感受，添油加醋。比如，如果妈妈这样描述细节：

- "你还没玩够，**一点儿也没玩过瘾呢**，别人就要**强迫收走**，你**真是太生气了**！"
- "姐姐也**很生气**，尖叫着要去抢了，妈妈也**急死了**，只能**使劲掰你的手硬抢下来啊**！"
- "你就是不想去幼儿园，你**非常舍不得**妈妈，妈妈也**特别特别舍不得你**！"

孩子听到这样的细节，很有可能哭得更凶了，因为带有强烈感情色彩的词会让孩子的感受更糟糕。有些孩子甚至会抓住大人的某些词语开始喊叫——"没玩够！没玩够！不过瘾！不过瘾！"有些孩子可能感到自己"非常有理"，是完全正确的一方，是"绝对的受害者"，对对方更加生气和怨恨起来。还有些孩子可能因为强烈的情感共鸣而更加不愿意离开妈妈，进一步要求妈妈不要上班，哭得更加撕心裂肺。

因此，父母在共情孩子描述细节时，要少使用或避免使用带有强烈感情色彩的词汇，而要尽可能采用**客观、中性的词汇**。比如：

- "你正在玩，还想再玩一会儿，玩具就被拿走了。"
- "姐姐要回家了，伸手想拿回去，妈妈也掰开你的手。"
- "你现在不想去幼儿园，暂时还没准备好是吗？你有点儿舍不得妈妈，妈妈也爱你。"
- "现在是你去幼儿园的时间，也是妈妈上班的时间，我们抱抱，数到 10 就好了。"

当孩子已经深陷负面情绪里出不来时，相对客观、中性的描述既有利于还原事实，给孩子提供客观的角度回看整件事，避免自我中心主义，又能给孩子的情绪"做按摩"，而不是"火上浇油"。

第二，使用非语言。诸如使用蹲下来、目光关注、点头、拥抱、轻拍等肢体语言来表达对孩子的理解、安抚和支持。

美国传播学家阿尔伯特的研究证实，人们在沟通时，只有7% 的信息是靠语言（words）内容本身传递和被接收的，38%是靠语音语调和语气这些声音（voice）信息传递和被接收的，而将近 55% 的信息是靠肢体语言、神情神态来传递和被接收的。可见，非语言在沟通中起着非常重要的作用，儿童更擅长捕捉成人的非语言信息。随着孩子年龄的增长，我们会越来越忽略使用肢体语言，总觉得孩子长大了，能听得懂道理了，会无意识地用脑共情，说得过多。但其实儿童的大脑在加工和处理过多的、抽象的语言信息时还不够擅长，而柔和的语气、关切的神情神态、接纳的姿势和静静的陪伴更容易安抚儿童的情绪。

走心共情是一种练习，我们要练习自己设身处地理解孩子的能力；走心共情是一种机会，孩子可以自我表达、自我探索，亲子之间可以深入交流；走心共情是一种温度，孩子会感受到自己被理解、被悦纳，从而得到平复和满足；走心共情是一种养料，滋养亲子关系，孩子的情绪觉察与表达能力也潜移默化地受到积极影响。

3. 帮助孩子表达情绪

在反射式倾听和走心共情的基础上，我们还需要帮助孩子表达情绪。孩子会选择用自己的方式来表达情绪，有些是适龄的方式，有些是需要家长适当限制和引导的方式，我们可以做到以下两点。

第一，理解适龄的情绪表达方式。允许孩子用**适龄的、可接受的方式来表达情绪**。适龄的方式就是指那些符合孩子年龄的、孩子们自然而然会选择的方式。比如，允许孩子哭、喊、逃避、适当地踢打等。

每个家庭可以与孩子明确哪些是可接受的情绪表达方式。

有些父母可以接受 1 岁的孩子在哭闹时适当地踢打，有些父母就完全不能接受；有些父母能接受 2 岁的孩子趴在地上哭闹一会儿，有些家长就接受不了。

另外，我们需要结合孩子的年龄，理解尚且幼稚或不够健康的情绪表达方式，不要期待 0～3 岁的孩子会直接用语言表达情绪，他们大多数都会使用哭和哼哼唧唧的方式引起关注，或者用动手动脚的方式来宣泄情绪。但如果是 3～6 岁的孩子，在基本掌握语言的基础上，父母就需要适时地告诉孩子：你着急的时候，可以走过来叫我，而不是用哼哼唧唧或哭很久的方式来叫我。当然也不要期待 3～6 岁的孩子过早地成为一个"小大人"，能够思路清晰、简明扼要地说清楚自己产生了什么情绪，有什么需求，而要理解和接纳孩子的情绪表达方式还不够成熟，逻辑思维、语言表达和同理心都有待发展，他们只是需要学习，父母要对他们有信心，要把眼光放得长远一点儿，孩子是会进步的，是可以学习的。

第二，提供和示范健康的情绪表达方式。当孩子有负面情绪的时候，告诉他哪些表达方式是可以被接受和允许的，哪些方式是不可以被接受的，应该如何健康地表达自己的情绪。父母可以主动提供一些健康的情绪表达方式。

在语言的方式方面，可以使用"我很生气……我有点儿伤心……"等带有情绪词汇的句子。孩子开始逐渐学会用语言直接表达情绪，是孩子情绪管理能力提升的一个重要表现。但孩子很少会直接说"情绪词汇"，比如我生气了、我好失望、我很伤心等。孩子一般会先用哭闹等肢体语言来表达不满，大一点儿的孩子会用一些解气的语言间接表达情绪，比如"坏爸爸！坏妈妈""我再也不要坐你的破车"，等等。只有在孩子已经掌握了一些情绪词汇的情况下，他才有可能说类似"我生气了"的话。父母除了要多用情绪词汇表达大人的情绪，比如"妈妈着急了，爸爸生气了，奶奶伤心了"之外，还需要在安抚孩子情绪的时候，鼓励孩子说出情绪词汇。渐渐地，孩子就知道在他体验到某种情绪时，有一个相应的词可以表达，可以通过直接的语言让别人知道，而不必"大动干戈"。

孩子学习用语言来充分地表达自己的情绪和需求是需要过程的。父母需要花时间提醒和训练孩子，例如，当孩子哭闹时，妈妈可以温柔而坚定地说："好好地说，慢慢说，说出来……哭的话，妈妈不知道是什么意思，你想要什么？""你可以说'我很伤心，我有点儿难过'。"给予直接的行动建议，而不是简单的拒绝或批评。

在非语言的方式方面，可以使用打柔软物、画下来、把坏情绪扔进"情绪垃圾箱"等。情绪宜疏不宜堵，当语言不够疏解情绪时，尤其对 2～6 岁语言和思维发育还不成熟的孩子来说，孩子还需要一些健康的发泄方式，父母可以提供和示范非语言的情绪表达方式。比如：

- 在家里或适合的场合，如果孩子真的很生气，可以提供给孩子一些柔软物，并告诉他"打人和摔东西不可以，打枕头、打沙袋可以"。并且，父母要给孩子示范怎么打枕头、打沙袋是既能发泄情绪，又能被大家接受的。

- 对于喜欢画画的孩子，可以给孩子提供画笔和纸，父母先给孩子示范生气的时候可以想怎么画就怎么画，哪怕胡乱画把纸张弄烂了都没事，画完了之后，给孩子提供一个"情绪垃圾箱"，家长示范把画完的"生气小人"撕成碎片，扔进"情绪垃圾箱"。

- 在平时不生气的时候，可以让孩子自己动手制作一个属于自己的"情绪垃圾箱"，可以是一个纸箱子或废弃的塑料容器。如果能带着孩子一起装饰他的"情绪垃圾箱"就更好了。

这样想象化的动作过程，在成人看来似乎有些幼稚，但对学龄前儿童来说，通过动作来表达思维和情绪是非常有效的方式。因为学龄前儿童的认知发展还处在感知运动阶段和前运算阶段，即他们是通过感知、动作来整合心理过程的，并且2岁以上的孩子开始具备符号表征的能力，他们可以把画下来的东西当成一种生气的符号，也可以把自己亲手制作的"情绪垃圾箱"当作一种消气的符号。

所以，父母可以提供和示范这些健康的、有效的、可接受的情绪表达方式，帮助孩子练习如何健康地表达情绪。只有孩子感受到他的情绪是被理解和接纳的，他才有可能愿意调整不恰当的表达方式，更愿意打开耳朵，聆听父母的引导。理解和接纳永远是处理孩子情绪的基础。

以上就是依托儿童心理学和我十几年来对父母与其孩子直接情绪互动的观察，以及大量咨询案例总结出的有效安抚孩子情绪的三个步骤。很多父母告诉我，这些步骤、方法的梳理与架构帮助他们在面对孩子有情绪时思路更加清晰，操作更易执行，效果也更能让他们满意了。

如何应对孩子闹情绪

自然情绪得到恰当安抚的孩子，更容易在平复后把更多注意力放在学习新规则、处理冲突、解决问题上。而自然情绪如果得不到认同和恰当的安抚，甚至遭受来自父母、周围环境的持续压力，孩子便更容易闹情绪。

闹情绪的时候，孩子常常伴有一些过分的、不健康的情绪表达方式，比如持续大哭大闹、在公共场合满地打滚等，这种闹是有目的的。通常，当孩子知道闹情绪有用的时候，他们就会闹，因为闹一闹，父母就会妥协，他们就能吃到糖果、买到玩具。即使他们得不到想要的东西，只是为了对抗父母的热暴力或充满戾气的冷处理，也会去闹，因为他们知道闹是可以缠住父母、让父母难受的方式。接下来，让我们先来看看影响孩子闹情绪的主要因素。

影响孩子闹情绪的三大因素

影响孩子闹情绪的因素其实很多，但从总体上看，大致可以分为以下三大类。

1. 来自孩子的因素

一是生理因素。年龄越小的孩子，维持精力充沛的时间越短，作息时间越不规律，因此很多家长会发现孩子在困了、累了的时候很容易闹情绪。还有一种情况相信大家都有过体验，就是当孩子身体不舒服、生病的时候，他们特别依赖大人，烦躁不安，容易哭闹、发脾气。

对于 1～5 岁处在秩序敏感期的孩子，特别容易因为一点儿小事不满意就大哭大闹。例如，孩子想要自己去开门，却被妈妈在不知情的情况下抢先开门了，孩子就哇哇大哭，怎么哄都没用，妈妈重新把门关上，让孩子自己再开一次也没用，因为孩子刚刚内心的设想已经落空了，无法修复了，再来一次也不是刚才那一次了。这就是处在秩序敏感期和完美敏感期的孩子常见的现象，如果父母没有意识到是敏感期的原因，就很容易认为孩子在无理取闹。

二是心理因素。当孩子缺乏父母的关注和陪伴时，会为了寻求关注而闹情绪。例如，爸爸妈妈很晚才下班回家，而且回家后一直看手机，疏于对孩子的照顾和陪伴，有些孩子会通过闹情绪来寻求父母的关注，他们不会直接用语言说"爸爸妈妈别看手机了，陪我玩"，而是会无意识地扮演"黏人鬼"或"捣蛋鬼"，来向父母表达自己的不满和需要。

我在多年的育儿咨询中发现，即便孩子习惯了来自父母的高浓度关注，他们还是会用闹情绪的方式来寻求父母的关注。例如，一些全职妈妈日常陪伴孩子的时间已经非常多了，也给了孩子无微不至的关怀，但她们时常感到自己被孩子的情绪控制着，刚忙完家务想要喘口气休息一下，就被孩子"妈妈、妈妈"的哭闹呼喊声惊扰，无比烦躁。如果一个 3～6 岁甚至 7～12 岁的孩子依然采取婴儿般散播焦虑的方式缠绕他的父母，没有发展出与他的年龄匹配的沟通技能、母子边界，那么妈妈们需要意识到孩子的"作天作地"是在寻求过度的关注，因为他们觉得父母就应该是随叫随到的。

　　另外两个比较常见的闹情绪的心理因素是寻求权力或报复。寻求权力是在孩子的自我意识发展起来之后，开始一味地追求"我说了算"，甚至盲目、习惯性地与父母对抗而产生情绪问题。渴望自己做主，展现自己对周围世界的影响力，这本是儿童人格发展到"自主性"阶段的必经之路，但如果父母没有给孩子建立权力的边界，没有在实际生活中把遇到的问题进行分类授权，没有教会孩子什么时候可以做主，什么时候需要与父母、他人合作，什么时候需要节制自己的行为，那么孩子很可能在权力问题上出现困扰，自我力量、自主性被压抑的孩子会通过闹情绪来寻求补偿，在生活中被过度满足、过度授权的孩子也会通过闹情绪来继续掌控父母。如果父母与孩子经常卷入"权力之争"，那么孩子的闹情绪可能就不仅仅是孩子个体的情绪问题，而是亲子之间的一种互动模式。

　　报复行为通常在孩子感到自己的尊严受到伤害、自由受限或被轻视之后出现。有时候，孩子们会在事件发生的瞬间通过哭闹、顶撞或是破坏性行为来对父母进行反击。在某些情况下，这种报复可能会延迟发生，甚至延迟到很久以后。比如，一个孩子在被父母严厉批评后，可能会选择在接下来的日子里故意不完成作业，或者对父母的态度变得冷淡和不合作。这种报复行为是孩子试图通过控制某些事情来表达自己不满和愤怒的表现。另外一个例子是，如果一个孩子感觉到自己在家里被忽视或不被重视，他可能会通过在学校制造麻烦、与同学发生冲突等方式来引起注意，即使这意味着他会受到更多的责备。

如果孩子发脾气的场景高度相似、反复出现、呈现某些规律，父母就可以根据这些线索来了解孩子闹情绪背后的生理因素和心理因素，这样就可以避免只针对孩子表面行为去纠正的机械的、教条的教养方式，而加深、拓展和重视孩子的身心因素对闹情绪的影响。

2. 来自父母的因素

来自父母的因素包括父母的情绪状态、心境、言语和行为。背后折射出的往往是父母情绪管理的能力、安抚孩子情绪的能力和解决问题的能力等。

首先是父母的情绪状态。 当父母自身的情绪状态不良，生活和心理压力持续过大，或伴有敌意、焦虑、抑郁等心境状态时，很容易用情绪化、攻击性的方式（如嫌弃、鄙夷的表情神态，讽刺、挖苦、贬低的语言，以及拖拽、拍打等强迫性、攻击性动作）对待没有明显不良行为的孩子。心理学上有一个著名的词叫作"踢猫效应"，即把不满、敌意等发泄到不相关的、比自己更弱势的人身上。当孩子没有明显的行为不当，他的行为基本符合其年龄时，如果父母小题大做、拿孩子撒气，那么被激惹的孩子自然也开始发脾气了，不良情绪状态就是这样在家庭成员之间互相传染的。

其次是应对孩子情绪的方式。 当孩子因为身心不舒服或被拒绝而产生烦躁、失望、生气等自然情绪时，如果父母采取了"火上浇油"的安抚方式，比如忽视情感、居高临下的说教，带有强迫意味的拒绝和驱使，否认和压抑孩子的感受，甚至威胁和贬低孩子的性格、人格等，那么孩子原本的有情绪就会演变成闹情绪，因为父母的言行给了孩子闹的机会，成了孩子闹情绪的刺激源。

除了适得其反的热处理方式，一些应对孩子情绪的冷处理方式也同样会引发"战争"。比如，明明孩子很失望，你却冷漠地看着他哭喊、打滚，什么也不说，什么也不做，甚至在公共场合也依然不作为，试图通过冷眼旁观来让孩子感到难堪，自动放弃他的感受。在我接触的大量案例中，我发现越小的孩子越难以理解和无法接受父母的这种情感隔离，事实上，他们会用更加激烈的情绪化行为来把危机扩大化，真的满地打滚 3 个小时，不吃不喝哭喊一整天，累了就睡、睡醒了继续哭，学龄阶段的孩子会把这种情绪发泄到别的事情、别的人身上，转化成其他方式与父母闹情绪。

无论是情绪过激的热处理还是情感隔离的冷处理，只要父母的处理方式带着敌意和戾气，孩子就一定会感受到。经常被情感忽视或情感压抑的孩子，情绪得不到理解，不能合理地宣泄，他们时常感到委屈、沮丧和愤怒，对他人的意图和行为过分敏感，容易感到被威胁，自我价值感也比较不稳定。为了自我保护，他们容易用闹情绪的方式来发泄不满，释放焦虑与积压的敌意。因此，父母不当地应对孩子情绪的方式是孩子闹情绪的一大原因。

【思考整理】

请阅读表 5-3 中的情景，根据自己的实际情况在相应的选项里打钩。

表 5-3　孩子闹情绪与父母应对方式自测表

情景描述	经常这样	有时候	偶尔	从不
孩子如果闹情绪，我会先尝试说服他，如果他不配合，我就会很生气。如果孩子太过分，我是不会妥协的				
如果孩子哭闹，我可以理解，但如果他做了出格的行为，比如大喊大叫、扔东西、明知故犯等，我就会严厉批评他，甚至惩罚他				
如果孩子闹情绪的时候不听话，我会生气地对待孩子，比如，硬掰开他的手、打他的屁股、用力推开他的身体等				
我会避免直接对孩子动手。比如，挡住餐盘而不是打他的手，挪走玻璃饰品而不是打他的屁股，生气时不回应孩子要抱抱的动作而不是推开他的身体				
和直接"说情绪"（我生气了、伤心了、害怕了等）相比，直接"做情绪"更容易。我的表情、神态、动作、声调已经表明我在生气了，孩子就应该停止闹情绪				
要让孩子记住道理，我认为就应该反复强调、多次重复，如果还没效果，就该让孩子得到教训				

（续）

情景描述	经常这样	有时候	偶尔	从不
涉及一些安全和规则问题时，我经常感到嘴皮子都磨破了也没用，只有我发脾气或惩罚一下才管用				
我经常觉得我在孩子面前没有权威，孩子经常把我的话当耳旁风，一开始我可能还能耐心安抚他的情绪，但总是以"互相伤害"告终				
孩子会和我顶嘴，说一些不好听的话，比如"坏妈妈""把爸爸抓起来"等，这时候我会更生气，教育他为什么不可以这么说				
如果孩子无理取闹或我也有情绪，我会尽可能冷静，如果说教没有用，我就会直接采取行动，拿走东西或自己去干自己的事，不说话看着他哭。等孩子不那么闹了，我再回去处理				

最后是缺乏有效解决问题的方式。孩子闹情绪时，父母往往采取"人治"，而非"法治"。就是凭着自己的本能去劝说、批评和要求，一旦受挫就会开始对孩子做些什么，比如生气指责、威胁强迫、利诱讨好、打骂惩罚，还有隐性的道德绑架、让孩子内疚等方式。这些都是父母"凭一己之力"做出的应激反应，很容易让人陷入敌对紧张的亲子关系，也容易让孩子对

自己丧失信心。

父母的着眼点应该放在如何解决问题、如何建立"法治"上，而不是如何搞定闹情绪的孩子。比如，如何邀请孩子合作建立行为的界限和规则；如何刷新孩子的认知，以便获得孩子对规则的认同；如何与孩子一起制订自我行为管理的流程、操作细节，甚至写下公约，等等。父母需要意识到，在情绪问题的背后，真正要解决的是孩子的认知问题和行为问题，从而就需要建立新的儿童认知系统及行为干预机制。当父母缺乏这些解决问题的思路和能力时，儿童的情绪问题就会一直困扰着父母。

还有一些情况，虽然父母有建立规则的意识和行为，但建立规则和执行规则的过程不够完善。比如，有些父母虽然尝试与孩子建立某些规则，但在孩子看来：那些规则依然是某种要求和来自权威的束缚；规则本身很难执行，缺乏进一步的沟通和调整，通常虎头蛇尾；在执行规则的过程中，父母要么过于温柔，要么过于坚定，出现言行不一致的情况，孩子收到的信息就是"可以不听，反正还要提醒""可以不听，反正不执行也不会怎么样"。

3. 来自环境的因素

首先是公共场合。在地铁、电梯、餐厅等公共场合，父母担心孩子的哭闹、大喊大叫会影响到别人。在这种社会舆论和道德压力下，一旦孩子开始闹情绪，父母们更倾向于快速解决掉孩子的情绪问题，期待孩子"一说就好"，负面情绪被立即消除。当孩子做不到的时候，父母们则更容易失去耐心。

其次是过多的视听刺激。 在嘈杂的超市、新奇的玩具店、人多的游乐场等包含很多声光电设备、人声鼎沸的地方，孩子和大人相对容易烦躁、疲劳。这时候一旦孩子开始闹情绪，视觉、听觉等感官的疲劳会让大脑皮层异常兴奋，我们需要第一时间带孩子离开现场，离开这些存在过多视听刺激的地方，转到相对安静、舒适的地方，再对孩子进行安抚和沟通，转换到舒适、安静的环境中有助于父母和孩子都冷静下来。

最后是家庭氛围。 家庭氛围对孩子的情绪和行为有着深远的影响，因为它塑造了孩子的心理状态和应对机制。持久性的家庭氛围，比如父母的养育风格、家庭成员之间的亲密度以及父母对孩子的影响力程度等比较稳定的家庭环境，对孩子的情绪波动有关键作用。

首先，父母的养育风格对孩子的情绪反应具有显著影响。有些孩子更倾向于在"骄纵型"养育风格的父母或长辈面前发脾气、闹情绪，因为他们感到安全和被重视。这种养育方式通常表现为父母对孩子的需求和愿望给予高度关注和满足，以至于孩子在面对挫折时更容易产生负面情绪。这种养育方式也可能使孩子缺乏自我调节能力和解决问题的能力，在遇到困难时更加容易失控。

相反，有些孩子则倾向于在"强权型"养育风格的父母或长辈面前发脾气、闹情绪，因为他们感受到敌意并决定反抗，即使他们最终会被制服。这种养育方式通常表现为父母对孩子的行为进行严格控制和管理，要求孩子遵守规则和纪律。虽然这种方式可能会培养孩子的自律性和责任感，但过度的压制和控制也可能导致孩子产生抵触情绪和反抗心理。

除了持久性的家庭氛围外，临时性的家庭氛围也会对孩子的情绪产生影响。例如，家里来客人了、过年家庭聚会、全家长途旅行、搬家换新环境等相对临时的家庭环境都可能引发孩子的情绪波动。这些临时的情况和氛围会打破孩子原有的生活节奏和习惯，使他们感到不安和不适应。此外，这些变化还可能带来额外的压力和挑战，如适应新环境、处理人际关系等，进一步加剧孩子的情绪波动。

基于以上孩子闹情绪的影响因素，父母需要先排查来自孩子的因素和环境的因素。是不是孩子太累了、犯困了，或是生病了导致其容易情绪焦躁？是不是因为今天特殊的环境容易让孩子兴奋，让大人也失去耐心？及时辨别生理因素和环境因素对情绪的影响，这样我们也能更容易地接纳自己和孩子的负面情绪，对自己和孩子更加宽容。同时，如果是由孩子的心理因素导致的闹情绪，那么闹情绪的背后一般都存在着未被满足的需求，父母要去觉察孩子的这些需求里，哪些是可以被满足的，哪些是可以被理解但不能满足的，哪些是需要有限度地满足的，然后分别采取行动。

通常，孩子的心理需求也就是他们的愿望和情绪，都是需要被理解和接纳的，只是有些需求无法被完全满足，那就需要父母区分愿望和言行，允许孩子有愿望、接纳孩子的情绪，但节制孩子的言行，运用上一章讲到的拒绝孩子的方法即可。

但在实际执行的时候，父母往往难以保持理智的状态，因为大哭大闹的孩子也会激活父母大脑中的镜像神经元，让他们的情绪被感染，变得易怒和焦躁起来。为了避免父母自身的言行加强孩子闹情绪的程度，我们再来看看父母在应对孩子闹情绪的时候，特别需要注意的三大关键点。

在孩子闹情绪时，父母需要注意的三大关键点

1. 父母的自我管理

父母无法在自己情绪失控时，运用任何有效的方法。学习管理自己的情绪，是父母应对孩子闹情绪的前提。 如果你希望孩子能控制他们的情绪和行为，那么首先，在言行上不要再去刺激和激惹他们，不要平添让他们闹的机会。我们开战，孩子才会坚守阵地，也来应战。父母需要首先意识到自己的哪些行为激惹了孩子，并先管理自己的情绪和过激的言行。运用我们第 2 章中觉察情绪、让自己感受更好的方法，以及第 4 章中深度表达自我的方法。觉察自己的焦躁、愤怒或难堪等情绪，运用深呼吸、离开现场等方法让自己先冷静下来，不再"惹"孩子，也不再与孩子在争论的话语里纠缠。只有当自己感觉好一点儿的时候，才会做得更好。如果意识到自己和孩子已经陷入了"权力之争"，那就需要父母先主动从"权力之争"中退出来，运用"积极的暂停"来恢复理智，避免无节制地采用伤害性和攻击性的言行。同时，别忘记运用第 4 章中讲到的"我信息"来表达自己的情绪，即用"我很生气，因为我看到……我希望……"等以"我"开头的句式来表达自己的情绪，这些直接的语句更能让孩子在第一时间获取成人的情绪信息，而不是第一时间让孩子感受糟糕进而自我防御，

与家长对抗。比如：

- "妈妈看到你吃了一大包糖果，我很担心，也很生气，我之前说了不能吃那么多糖。"
- "我很生气，听到你说你没有吃，但我在垃圾箱里看到好多糖纸。"
- "我现在听到你这样大哭大闹，我非常焦躁，我快受不了了！"
- "我不能接受你吃那么多糖！你已经有蛀牙了，我很害怕你这样难以控制自己！"

2. 恰当地安抚孩子的情绪

在管理好自己的情绪和言行的同时，父母还需要对孩子的情绪做出恰当的回应，接纳和反馈孩子的愿望是安抚孩子很重要的一步，让孩子觉得"可以那样想，但不能那么做"。运用我们前文中分享的"安抚孩子的步骤"，如反射式倾听、用心共情、帮助孩子表达情绪等方法，可以很好地给孩子的情绪降温，比如：

- "你可以想吃，我知道你很喜欢这个口味的糖果。"
- "现在每天在家里，因为疫情不能出门，所以你有点儿无聊，总想吃东西是吗？"
- "你把糖纸藏起来，就是很怕被我发现是吗？所以刚才我翻出糖纸，你马上就开始大哭。"
- "你先哭一会儿，我也去冷静一下，你可以想吃，但真的不能吃这么多。"

3. 建立和执行规则

很多父母这时候会问我，大人的情绪管理好了，孩子的情绪也安抚得差不多了，但孩子还是要吃糖怎么办？在大人好好说没用的时候，既要避免"权力之争"又要避免"被孩子的闹牵制"，那到底要怎么做呢？父母需要事前约定好规则，并且规则中要包括如果孩子"违约"，父母会做些什么来执行规则。比如，对于有必要节制孩子吃糖的家庭，父母就可以先与孩子约定每天或每周可以吃多少颗糖（如两颗），同时事先告诉孩子如果他没有遵守约定，父母会做些什么。

第一，事先告诉孩子，如果他说到却没有做到，你会做什么来负起自己的责任。

- "如果你忍不住……我只能选择把糖收起来，放在你接触不到的地方。"
- "如果你大哭大闹影响到别人，妈妈会抱你去卧室冷静一下。"

注意，这里需要区分"对孩子做什么"的惩罚和"父母会做什么"来承担起自己的责任。

- "如果你再大哭大闹，吵到别人，我就把你抱走，冷静好了再出来。"——惩罚性的、情绪化的方式，威胁警告的语气。
- "如果你忍不住大哭大闹，影响到别人，妈妈会抱你去卧室冷静一下。"——客观描述孩子在哪种情况下，"我"会选择怎么做。传达出一种界限清楚的信息：我在说我的选择，大哭大闹是你的选择，怎么做是我的选择，是我要承担的责任。这是不带惩罚性的、非情绪化的。

因此，关键是传递不含敌意的拒绝，告诉孩子：妈妈是为了自己和他人不受影响，而决定自己去怎么做，来承担做父母的责任。而不是"如果不怎么样，你就会得到什么惩罚"，以此让孩子得到教训。

同时，这一步的沟通和约定需要尽可能用适当的方法得到孩子的注意力。比如，利用肢体语言，蹲下来和孩子保持同一水平线，请孩子看着我们的眼睛；用手轻轻挡住孩子正在看的书或正在玩的玩具，等孩子抬头看着我们再说话。

沟通之所以在某些情况下失效，往往是因为孩子们尚未将注意力集中在我们的言辞上。例如，当我们站立而孩子坐着时，孩子可能会感受到一种"自上而下"的压迫感。有些父亲在查看手机的同时对孩子发出命令，要求他们收拾玩具；母亲则可能在自己正在厨房洗碗时对在客厅玩耍的孩子喊话。这些做法并非不可行，但在需要明确界限和引起孩子足够重视的情境中，它们可能显得不够严肃。我们期望孩子立即控制自己的行为，而自己却分心做其他事，这显然不是一个恰当的示范。

总之，如果某件事情属于孩子屡教不改的长久困扰我们的问题，我们就需要注意沟通的前提，争取到孩子足够多的注意力再开始对话。让孩子知道，我们是当真的，说到做到。

第二，用提问的方式确保孩子理解了。

- 如果……妈妈接下来会做什么？
- 如果你大哭大闹影响到别人，妈妈会做什么？

　　心理学家托马斯·莫里亚蒂（Thomas Moriarty）提出的"承诺一致性原理"认为，没有人愿意向别人证明自己是错的，所以，人在做出承诺的时候，会更愿意付诸行动来兑现自己的承诺。也就是说，一旦我们和孩子共同做出某种决定，或者我们和孩子一起选择了某种立场，孩子就更倾向于自己采取行动，来证明自己之前的决定和行为的正确性。父母可以多尝试用提问的方式，和孩子确认约定的信息——如果孩子履行了约定，你会怎么样？如果他"违约"了，你会做什么？这会非常有助于孩子加深对规则的内化和认同，做出自己的承诺，而不仅仅是听听而已。

　　第三，孩子"违约"时，只履行约定，少说话或最好不说话。

　　例如，当孩子违反约定，开始无节制吃糖的时候，或大哭大闹吵着要继续看电视时，你只需要"只做，不说"，跟进执行规则即可。

- 直接拿走糖果，即使客人在场。
- 直接抱走孩子去事先约定的地方冷静。
- 直接关上电视，并允许孩子哭闹一会儿。

　　我们越是少说话或不说话，只去做事前约定的行为，孩子越会感受到：妈妈是认真的，妈妈一旦说到就会做到，看来规则就是规则；妈妈没有惩罚我，而是冷静、克制地去做她自己的决定。这种有节制的力量会体现并加强父母的权威感。但不要期待我们这样做了，孩子就不哭不闹了，孩子还会继续哭闹一会儿，因为他们感受到了"被拒绝"，即使是听不到有敌意的话语。

那么，这时候，父母还需要继续面对孩子的情绪，允许他们哭一会儿。尽可能表现出淡定，不要急于说话、急于去消除孩子的情绪，我们越心急，孩子越觉得他们的哭闹可以缠住我们。以为哪怕糖果吃不成、电视看不成，我只要继续闹情绪，就能让父母难受。这也是孩子会持续不断闹情绪的原因所在，孩子们似乎知道自己的哭闹是让父母难受的"利器"，哪怕在事情上不能被满足，他们也需要让父母焦虑难耐以此来扯平或展现自己的力量。

父母需要在这个时候练习保持平和，可以使用肢体语言回应孩子。比如摇头示意哭声小一点儿、蹲下来拥抱孩子、同情地看着孩子、平静地陪着他、给他擦擦眼泪等。陪伴孩子，等待他的情绪渐渐平复。只要我们表现出我们不会被孩子的情绪缠住，孩子的闹情绪自然失去了与父母抗争的功能，而转入自然情绪逐渐消退的过程。

如何在"情绪事件"中提升孩子的能力

父母们生气发火往往因为孩子那些"好好说没用""屡教不改"的行为，同时，倾向于通过这些表面的、"不够好"的行为推论出孩子的态度不好，故意和大人对着干，甚至孩子的性格不好，给孩子贴上了负面的标签。但其实，依据埃利斯的情绪 ABC 理论，引发情绪的直接原因是人的信念，即人的想法、观点、价值观，也就是说"认知"是情绪与事件的中间介质，我们可以通过改变想法来改变情绪。这也是情绪调节的主流方式之一。

我们可以这样来理解：不是"孩子有问题"，而是"孩子遇到了问题"；不是孩子的态度有问题，而是孩子处理问题的能力不足。学龄前及小学低年级儿童的各项能力发展还处在较低的水平，认知能力有限、专注力不足、自控力薄弱等。因此，只理解、接纳、安抚和管理孩子的情绪是不够的，父母还需要重视如何提升孩子的认知能力、自我控制能力等底层能力。只有孩子的能力提高了，他们的情绪和行为问题才会随之减少，父母也不必仅仅靠管理自己的情绪来应对生活。毕竟如果孩子与大人的认知都提升了、事情都解决了，孩子的情绪、行为都平和顺利了，亲子冲突的可能性也就大大降低了。

刷新孩子的认知，建立共识

孩子闹情绪或行为不当，很多时候是因为他们的认知有局限。比如，大人认为洗手液是用来洗手的，2 岁的孩子却认为可以把洗手液当玩具一样玩，洗手的时候不停玩泡泡，这在大人看来就是浪费时间又浪费水。当父母给孩子讲道理时，孩子要么不听要么顶嘴，让父母感到挫败、不被尊重，进而恼羞成怒放弃给孩子讲道理而采取大吼大叫、简单粗暴的方式教训孩子，或害怕孩子以后不听话了，难以管教。

其实，给孩子讲道理也是一项技术活，因为孩子和大人的视角不同，认知不在同一水平线上，彼此缺乏共识。

顶嘴其实是一个认知问题

一位 2 岁孩子的妈妈曾经咨询我关于孩子顶嘴的问题：

　　"我家儿子 2 岁 2 个月了，最近他开始跟我顶嘴了。比如，我说'宝贝，这个小车不能拿到床上玩，要放在地上'，他就会立刻反驳我'我就要在床上玩'。我告诉他，这个小车已经在地上玩过了，轱辘脏了，不可以放在床上。他还会说'我就放在床上'。总之，我说什么不可以的时候，他总会说'我就要怎样怎样'。请问，是不是家长平时言语不当，他在模仿？还是宝宝有其他心理呢？"

　　这看似是一个叛逆顶嘴的话题，其实是一个关于孩子认知的话题。尤其是学龄前的孩子，他们顶嘴是因为他们真的不理解父母所讲的道理，他们缺乏常识，也更在乎自己的需求，不太关注别人的感受、想法和立场。

　　2 岁的孩子就会反驳父母了，会硬把黑说成白了。他们不希望自己像牵线木偶那样被大人控制，父母也不能像训练小狗那样，仅靠严令禁止就能让他们服从了。因为他们有自己的思维了，他们认为"我才是我行为的主人"。他们需要被真的说服，而不仅仅是被要求。

　　事实上，大多数时候，2 岁的孩子真的不明白：为什么这个小汽车不能放在床上玩？轱辘脏了又怎样呢？跟我又有什么关系呢？因为孩子的关注点在玩和想象上，他们不会注意到脏的痕迹，他们甚至都不会发现床脏了。就算告诉他们那很脏，他们也不会像大人那样第一时间跳起来紧张懊恼，也不会下次严格遵守。"为什么不可以？东西脏了意味着什么？"这些都是很抽象的问题。我们需要用孩子能理解的方式补充他们的认识。让他们因为理解和认同了道理而愿意遵守，而不是因为害怕惩罚而被动服从。

那么通常，我们需要给孩子补充哪些知识才能刷新其认知呢？如何讲道理，孩子才能理解并认同呢？

刷新认知与建立共识的具体方法

1. 补充非社会交往类常识

非社会交往类常识，包括生活常识、科学常识、健康常识等。床单会脏，脏东西上可能有细菌，细菌会让我们生病，生病会要住院，住院就是不在家里，晚上也在医院，会打针，会难受，不能出去玩，等等。从孩子的角度告诉他会受到什么影响、会损失和错过什么。

有些父母不让孩子喝劣质的浓缩果汁饮料，会对孩子说那是假果汁，但孩子喝起来明明很甜，果汁颜色也像水果，他们就会反驳说"就是真果汁"。这时候，我们就可以给孩子找一些浓缩果汁如何被制造出来的图片或视频，讲解给他听，让他通过第三方了解到这些知识，提供客观的信息素材，帮助孩子学习。

很多父母在分床睡这件事上，会这样给孩子讲道理："你都这么大了，再睡大床让人笑话！你的好朋友都睡小床了，你还这么胆小！还和爸爸妈妈睡一起太丢脸了……"这些引起孩子羞愧的说法都不是真正的道理，孩子只能感到被贬低甚至被羞辱，完全理解不了"到底为什么"。真正的道理是什么呢？自己睡小床，本质上是自我边界问题。是孩子成长到基本可以自己独立完成刷牙、洗脸甚至洗澡程序后，可以不依赖大人的睡眠形式。

我的儿子丰收小时候也问过我："为什么我不能睡大床了？为什么我要睡小床？"我说："因为这就好像，你有你的衣服，我有我的衣服；你有你的鞋子，爸爸有爸爸的鞋子。所以大人有大人的床，你有你的床。"丰收听着入神，竟然推理说："你有你的枕头，我有我的枕头。"然后就在自己的小床上睡着了。

对孩子来说，独立这件事就意味着拥有更加清晰、丰富的自我边界，但自我边界、独立这些词对孩子来说太抽象，我们就可以用每个人都拥有自己专属的物品来帮助孩子理解什么是自我边界。再从孩子已有的知识经验出发，用类比的方式解释孩子拥有自己的衣服、鞋子，那么也一样会拥有属于自己的床。丰收 5 岁时可以独立睡小床（但依然在大人的卧室），7 岁时顺利分房间，拥有了自己独立的卧室。偶尔说起为什么睡小床，他还会对一些比他小的弟弟妹妹说："因为，就好比，你以后会有你的手机、你的房子，和大人一样，这说明你长大了。"果然，讲道理是一门技术，讲出道理的本质，激发孩子的"旧知"，刷新孩子的"新知"，用孩子能理解的语言与他们建立共识，认知提升了，孩子更愿意付诸行动。

2. 补充社会交往类常识

社会交往类常识即基于不同的社会角色，在不同社交场合下的社会交往知识或规则。比如，告诉孩子自己的行为会给别人造成什么客观的影响。

- "你看，小车的轱辘弄脏了床单。你会洗床单吗？我们自己的行为需要自己负责哦。"

- "嗯，你暂时还不会洗床单，所以妈妈要去洗，会很累，也要花时间。但这个时间本来我可以陪你玩一会儿的，比如陪你讲绘本。"
- "所以，妈妈希望你注意不要把床单弄脏，下次在地上玩小汽车好吗？"

这里的影响绝不仅仅是"妈妈不高兴"这个他人主观的情绪因素，而是这个行为会对别人的时间、精力、外在行为产生客观影响，是一种事实层面的影响。假设妈妈只对孩子说："你弄脏了床单，妈妈很不高兴，你这样做是不对的。"无论孩子是否顶嘴，孩子都会产生隐隐的委屈，仿佛改变自己的行为完全是为了照顾妈妈的情绪，让妈妈觉得"我是好孩子"比"我自己想玩车"更重要。这种被他人情绪绑架的感觉如果一直深入而持久，会扰乱孩子的自我意识，让他很容易产生自我疑虑，持久的内在冲突会降低孩子的自尊心。

因此，父母需要警惕只把孩子的行为和别人的情绪挂钩，用别人是否开心来评判孩子的行为对错，而要更多地传递一些客观的现实影响，传授在不同场合、不同社会角色下的人际知识。比如：因为你的行为，妈妈真的要额外花时间、精力去收拾残局；你在超市里大哭大闹干扰到了别人，妈妈就需要把你抱离现场；如果你打碎或破坏了超市里的东西，管理员就会来追究我们的责任。这样孩子才有机会学习到在新的场合、新的人际关系背景下的社交常识，也有机会跳出他人的主观情绪、喜好来看问题，也有可能超越亲子之间"你我矛盾"所带来的紧张感和敌对感，进而有助于提升孩子对他人和关系的全面理解，促进孩子适应社会、与人良好相处。

丰收 5 岁时，有一次我带他与朋友一起在餐厅里吃饭，快吃完的时候他因为无聊而开始频繁用瓷勺敲打盘子发出刺耳的声音，被我提醒之后停了一会儿，又开始兴奋地把汤汁洒在地上，试图引起我的注意，我被迫停下与朋友的谈话，尴尬地深呼了一口气，然后请他看着我的眼睛，对他说：

"这里是餐厅，不是我们家，在这里妈妈说的不算。勺子不是用来敲的，这个声音会影响到别人；汤汁洒到地上，会使人滑倒。如果你选择继续这么做，餐厅的负责人应该会来找你的。他们是管理这里的人，妈妈不会帮你擦干净地板，但肯定会和他们道歉。如果打碎了勺子，我会帮你赔钱，但也会诚实地告诉负责人是谁弄坏的。"

丰收很快就恢复理智了，不再敲打盘子或洒汤汁，我也紧接着走上前抱了抱他，对他表示理解，避免让孩子感到"被抛弃"了，并提议说："我们请服务员阿姨帮忙来打扫一下？"丰收马上放下勺子，起身去叫服务员了，虽然他有一些不好意思，但在服务员打扫完之后还不忘对她说"谢谢阿姨"。

只对孩子严令禁止，指责这是不礼貌的行为，对孩子施压说"你丢的是你自己的人"，或把孩子的不良行为录成视频放给他看等方式，都是试图通过让孩子羞愧和内疚而停止他的恼人行为，但这些都不是真正的讲道理，孩子只会感受到"我和妈妈之间有矛盾"，孩子并没有获得真正的社交知识，也没有机会练习社交技能。

我们真正要做的是把"妈妈和孩子的矛盾"还原成"不良行为与公共场合的矛盾"，这才是这件事背后真正要讲的"道理"，孩子作为一个独立的个体，逐渐需要获得如何在不被提醒、不被监督的情况下，自己管理好自己的言行，并真的为自己的行为负责的能力。孩子为自己行为负责的前提不是大人的耳提面命、严令禁止，而是大人告知孩子不同场合下的责任归属和行为后果，哪些是父母会承担的，哪些是孩子需要承担的。比如告诉孩子，妈妈在公众场合和你一样，都需要遵循社交礼仪和规范，在经济赔偿等物质层面我会帮你承担，但随着你年龄的增长，我们也不会为你掩盖不良行为，你需要自己做出弥补或承担任何由此带来的别人对你及你行为的看法或评价。

通过可行方案，培养孩子的自控力

除了通过刷新认知，与孩子建立共识的方式之外，还有很多行为习惯的培养和需要投入专注力、维持努力的任务，是需要通过提升孩子的自我控制能力来实现的。从刷牙、洗澡、饭前洗手的生活习惯，到用语言表达代替动手动脚的社交习惯，再到上课不说话、到家写完作业再玩等学习习惯，几乎每一件事都需要孩子具备相应的自我控制的能力。

这类需要孩子付出长时间的专注力、意志力和自控力的好习惯，绝不是孩子懂了道理就能做到的，而是需要孩子在"知道""认同"道理的基础上练习"做到"，并使之成为良好的行为习惯和行为模式。

什么是自我控制

我们先来界定一下"自我控制"的含义。发展心理学认为，儿童的自我控制是指儿童在无人监督的情况下，从事指向目标的单独活动或集体活动。通俗地讲，就是儿童自觉地调节自己的言行，付出注意力和意志力，来完成某项目标活动。儿童的自我控制能力普遍比较薄弱，很容易三天打鱼，两天晒网，很难维持让父母满意的专注力和意志力，表现出来的就是父母认为孩子自控力不足。

例如，有位妈妈曾经咨询我：

"我女儿在上幼儿园小班，大部分时间能自己刷牙，却偏偏一星期总有两三天哭闹着死活不肯自己刷，让大人给刷，尤其是早上时间紧张的时候，不给刷就一直哭闹，简直乱作一团！平时做事情也是什么都很难坚持，这是缺乏自控力的表现吗？"

如果父母有绝对化的要求（一次都不能、再也不、每次都必须……），希望每天早晚任何一次都是孩子自己刷牙（也许我们并没有意识到这个隐含要求），那么就仿佛在训练孩子完全自控、不能懈怠。比如：

"你会刷了就应该自己刷啊，自己的事情就应该自己做啊！"

"你不可以这样说话不算话，一次都不可以。"

"你这个态度怎么说变就变？就是故意找事儿！"

如果一个孩子可以做到完全自控、从不懈怠，仿佛装个系统、按个按钮就能完全自转了，那父母真的太幸福了！父母的潜意识里仿佛一直期待着：我不变，孩子自动变好，且不能出"故障"。父母本来想象的画面是，孩子自觉自动地像大人那样按部就班地洗漱刷牙，心里想着终于可以"脱手"了，孩子可以"全自动"了。以至于这种理想的画面一旦破灭，一看到孩子叽叽歪歪、哭哭啼啼的样子，父母就会很火大，因为又要去应战了。确实，这简直对父母的情绪控制、语音语调控制、脑力控制、能量控制都有极大挑战！

我因为工作的关系接触了很多类似的问题，我发现，每次孩子不能自控的时候，都是父母受挫的时候，也是需要去自控、去拉伸自己能力的时候。所以我们才下意识地希望孩子一直完美地控制着自己的行为，不能出错，也不能退步，最好一说就改，再也不犯。这显然很美好，但不现实。

自我控制之所以难，是因为很多时候是"你们让'我'控制"，哪怕"我"也认同，甚至"我"做到了，但不意味着"我"可以一直心甘情愿地做到，更不意味着"我"再也不懈怠。只有一种情况，孩子可以做到，那就是"养成了好习惯"，也就是习惯了自我控制。所以，很多时候孩子做不好或不想做，不是态度问题，而是能力问题，是自我控制的能力还没有积累到一定水平，还没有形成好习惯。

当孩子习惯了饭前去洗手，且大多数时候都去做时，他对饭前洗手的态度才是稳定而良好的。不要过于纠结孩子的态度好不好，只需要关注良好的行为有没有在积累。态度是随着行为习惯的建立而改变的，孩子肯定不会在好习惯尚未形成的时期就积极主动地告诉你："妈妈我错了，我要去洗手，iPad 还给你。"

当然，自控力不是越强越好，发展心理学上根据自我控制的程度把儿童分为：

- **自控过低的儿童**：容易分心，容易冲动，无法延迟满足等。
- **过度自控的儿童**：不直接表达自己的需要和情绪，较少有主见，过度延迟满足，在班级、家里较少惹麻烦，容易被忽视，容易焦虑紧张等。
- **自控最适宜的儿童**：称为"弹性儿童"，"管得住，放得开"，能随环境的变化调节自己的控制程度。在需要自控时能管得住自己，在不需要自控时能放松自己。即"会学习，也会玩"的儿童，很灵活。

父母究竟如何把追求享乐主义、自控过低、自我放纵的孩子，拉到"弹性自控"上来？如何把握这个度？我认为培养儿童自控力的原则是：花时间训练，放下"一步到位，永久到位"的妄想。

培养孩子自控力的具体方法

做父母之所以难，是因为我们总要控制自己，去训练孩子，训练这事听着就挺苦的，要花很多时间与精力。自我控制是一个需要慢慢进步的能力，我们往往比较难花时间训练某个特定的行为，更难一直投入能量去鼓励孩子改善。我在多年的儿童情商教育和家庭教育咨询中摸索出一些方法，希望可以帮助到大家。

1. 父母要区分"期待"和"现实"，接受孩子还做不到我们期待的那么好

孩子不符合我们期待的时候就是让我们面对现实的时候。

比如我们的期待（长远目标）是孩子每天都可以独立刷牙、不哭闹，但孩子明显还做不到。即使在技能上孩子已经会刷牙了，但不等于她每天都想自己刷，目前的现实是：一周有 2～3 天，孩子会通过哭闹的方式来让大人代劳。那我们就要接受孩子还没有达到我们期待的现实，尤其在行为习惯刚开始建立的时候，或者执行新规则、提出新要求的时候。我们要帮孩子寻找短期目标，即现在比较容易达到的小目标。

2. 我们要为孩子建立弹性的执行方案

从孩子最容易达到的、父母也能接受的短期目标开始训练。比如：早上时间紧的时候，父母可以帮忙，晚上就要你自己刷；或者，一周只有 3 次父母帮忙刷的"关爱小公主时刻"，其他时候是"小公主独立自主"的时刻。找到折中的办法，小步一台阶，给孩子积极的肯定，循序渐进，慢慢培养孩子的习惯。

3. 等稳定一段时间，再提出新要求

如果孩子能够实现每周仅需要我们协助 3 次，那么在一段时间后，我们可以逐步减少到每周 2 次或 1 次。切记，在孩子刚刚适应新阶段时，不要急于要求她再次提升，因为此时孩子的自控力尚未稳固，易产生挫败感和逆反心理。我们希望孩子能体会到："我能够控制自己，哪怕是一点点！"这有助于增强孩子对自我控制的信心。

父母无须对每件事都进行这样的训练，可以选择一两件最具挑战性的事情，与孩子一起练习合作。通过制订有弹性的解决方案并投入时间进行训练，孩子才能真正学会有益的"弹性

自控"。同时要注意，在训练过程中，虽然你可能会对孩子的进展表示赞赏，但如果孩子识破了你的表扬更像一种让他就范的"手段"，孩子就体会不到"独立自主的喜悦"，也体会不到依赖的幸福了。

　　关于如何养成良好的学习习惯、如何应对作业拖拉等问题，原理和解决方法基本是一样的，但父母需要在执行过程中学会如何肯定和鼓励孩子，以及如何带有尊重地去纠正孩子的行为。我们会在下一章通过具体的育儿场景和案例来展开。

第 6 章

面对未来学业，父母如何应对焦虑

"双减政策"出台后，孩子们拥有了更多时间和机会进行户外运动、发展兴趣爱好、展开社会实践，父母的精力也更加聚焦在陪伴孩子全面成长上。然而，孩子处于幼儿园阶段尤其幼升小阶段的父母们依然有很多潜在的焦虑。比如，真的没有必要提前学习小学一年级的知识吗？如果孩子完全零基础入学，会不会跟不上学校的学习进度？幼儿园与小学的教育环境、教学方式差异很大，孩子能适应突如其来的学习任务吗？如果孩子进了小学不适应，不爱学习怎么办？如何培养孩子的学习习惯呢？孩子在学习上遇到了挫折，畏难不肯学，怎么办呢？

确实，从"在玩中学"的幼儿园迈入"认知学习为主，玩乐为辅"的小学，孩子们面临很多未知的挑战。辅导孩子作业、督促孩子学习而导致亲子冲突的社会新闻屡见不鲜，未来不确定的升学与就业压力扑面而来，父母们也不可避免地焦虑起来。

进入小学后，父母们往往只聚焦在孩子的学习态度和学习行为上，像家里的另一个老师，提醒、督促，甚至驱使孩子去学习，当孩子贪玩、懒惰，不愿意自我管理和约束的时候，父母们往往焦躁不安，甚至暴跳如雷，打骂孩子，亲子关系开始紧张和恶化。孩子在对父母又依恋又恐惧又愤怒的多重情感冲突的折磨下，更加难以调动能量去专注学习了。试想，一个经常暴露在声嘶力竭、哭闹喊叫环境下的孩子，如何能学会安静与专注呢？

因此，父母管理好自己的情绪，为孩子创设安定的家庭氛围，维护好亲子关系对孩子的学习尤为重要。

在我与小学生父母的访谈和咨询中，我发现很多孩子缺乏学习动力，没有形成良好的学习习惯，以至于出现学业上有困难、学习能力不足、自信水平偏低等情况，都与他们缺乏正确的学习观念有关。而父母们若能帮助孩子尽早树立正确的学习观，明确在学业阶段父母应该扮演的角色，善于培养孩子的自我控制能力，孩子就越能够主动学习、坚持学习、克服困难，找到适合自己的学习方法，获得学业上的成就感。

如何帮助孩子树立正确的学习观

有些父母会对孩子讲解"为什么要学习"的相关道理，尤其在孩子贪玩、不愿意学习的时候。曾经有位三年级孩子的妈妈告诉我，孩子经常拖拉、磨蹭，宁愿被打也不写作业，父母除了打骂孩子，也试过批评教育，用几个小时给孩子讲道理，好言相劝。比如："学习不好的话，老师不喜欢你，同学不欢迎你。""别人都在学习，你不学的话，将来如何养活自己？怎么为国家做贡献？"接地气、不接地气的都说了，但这位妈妈发现没有用，这样讲道理三小时，就见效一天。很快，孩子又开始撒谎、逃避写作业。父母没有办法，情绪失控，又会陷入"继续打孩子—短暂有效—孩子宁愿被打也不愿写作业"的负循环。

　　当家长急于去"兜售"这些关于为什么要学习的道理时，言语中的"行为评价性"和"行为指向性"都过强，孩子只听得到一句话，那就是"不写作业很糟糕、很危险，你要去写作业"。当我们带着非常明确的意图和过强的动机给孩子讲道理时，孩子会把注意力放在自我防御上，就像我们去"劝"别人，被劝的人会下意识地抵触，产生反作用力那样。

　　因此，我们需要先克制自己的动机，管理好自己的情绪，在自己比较平静的时候，带着"科普扫盲"而非"强兜售"的感觉，给孩子讲讲为什么要学习，学习到底对孩子有什么意义，逐步帮孩子树立正确的学习观。

学习是你的权利，也是有意义的

　　当孩子问"为什么要学习？为什么要上学？"时，父母们往往只会说"每个小朋友都要上学啊，法律规定的，未成年人必须接受义务教育""如果不送你去上学，爸爸妈妈是要被警察抓起来的"。确实，在义务教育阶段，家长必须履行保障儿童接受教育的义务。也就是说，让孩子学习、接受教育，是家长作为监护人的责任和义务。我们往往只站在成人义务的角度，去要求孩子学习，驱使孩子学习，因为这是我们的义务和责任，当孩子表现出厌学的情况时，首先焦虑的是父母。

但如果从以儿童为主体的视角来看，受教育首先是儿童的权利。我国宪法第四十六条规定："中华人民共和国公民有受教育的权利和义务。"也就是说受教育首先是儿童的权利，从儿童个体的视角出发，接受教育、学习知识、提升能力是为了个体能够更好地生存和发展。我们需要更多地站在孩子的角度，告诉他学习是你的权利，学习对你来说是有意义的。

在丰收一年级的某一天，我到家有点儿晚，他说作业已经写完了，但我打开写字本Ａ（练字本）时，发现有些字不好看，我说："这几个字不行，你看看，过来改一下。"

当时他正在地毯上看课外书，一听到要改字，马上烦躁起来："啊呀！怎么又不好看啊，太难了，我不想改，哼！累死了，烦死了！"我知道他能写好，只是稳定性还不够，精益求精确实不容易。孩子的注意力、意志力、理性都是有限的。我把他的椅子拉过来，让他和我面对面坐着，我问他："你明明可以写得更好，为什么不去改？"他说："太累了，你每次都让我改。"显然，在练字、练琴这些事上，小孩会觉得是大人给的压力。

我让他看着我的眼睛，我说："你听好了，学习是你的权利！"我声音有点儿大，他有点吃惊地看着我。我冷静了一下，放慢了语速，继续说："学习是你的权利。权利就像你要玩一样，学习也是你要去争取的，玩和学都是你的权利。学习不是负担，而是可以让你生存、发展得更好的权利！"

丰收瞪大了眼睛，若有所思，小脑袋里开始接受新的信息刺激。我接着说："让你学习、训练你的大脑、提升你的能力是爸爸妈妈的义务和责任。""爸爸妈妈有义务让你从教育中获益，让你外在体面、内在强健！你和我要统一战线，一起支棱起来。"他点点头，我们抱了抱，有一种结盟的感觉。

对于幼儿园阶段的孩子，我们可以在他学习轮滑、街舞、画画等时，开始帮助他慢慢建立"学习是权利，不是负担"这样的学习观。比如："吃饭会让你长高，睡觉会让你精神更好，玩会让你开心，学习会让你变得更有本领，感到自己很棒、很开心""就像你要争取爸爸妈妈多陪你玩一样，学习也是你要去争取的。因为学习对我们有很多意义。""学习可以让我们的小手更灵活、身体更协调、脑袋更聪明。"

我们需要从"监护人视角"转换到"受益人视角"，用比喻、形象化、具体化的表达方式，帮助孩子理解学习不是一种负担，而是他的权利。启发孩子作为主体，去主动争取积极好学、磨炼意志，让人生更充盈、更美好的权利。

关于学习的意义，发展心理学家埃里克森的人格发展理论认为：

- 5～12 岁，儿童的人格发展面临着"勤奋与自卑"的冲突。如果这一阶段的危机成功地得到解决，儿童就会形成能力感；如果危机不能成功地解决，儿童就会形成无能感。

- "儿童必须摒弃他过去的希望和梦想，他丰富的想象力被驯服，受到一些非人性事物的法则的约束，甚至被阅读、写作和计算限制。因为尽管儿童在心理上已经具备做父母的基本因素，但他在生理上成为父母之前，首先必须成为一个劳动者，具备养家糊口的能力。"

也就是说，从幼升小阶段开始，除了单纯地希望孩子健康快乐，父母和社会对孩子成长的期待有了新的追求，那就是希望孩子发展出更多适应社会的功能。父母也不能一味地满足孩子了，孩子需要开始学习各种必要的谋生技能以及"能使他们成为社会生产者的专业技巧"。比如，更长时间地开展学校内的认知学习，随着年级的增长，进行一定量的刻苦练习，让儿童在掌握知识和技能、提升认知的同时，磨炼其意志力。即儿童只有通过学习过程本身，才能积累外在的学业成就，以及内在的能力感、胜任感，为未来适应社会、更好地生存与发展储备良好的学习能力和自我效能感。

- 学校是培育儿童未来就业能力及适应其文化背景的重要场所。考虑到在多数文化中（包括我们的文化在内），生存往往需要具备与他人协作的能力，因此，社交技能成了学校教育中不可或缺的一部分。
- 在这一成长阶段，对儿童而言至关重要的一课便是"通过持续专注和不懈努力来体验完成任务所带来的乐趣"。在这门课程中，孩子们将培养出一种勤奋感，这种勤奋感为他们日后满怀信心地与社会中的他人共同胜任各种职业奠定了坚实的基础。

- 如果儿童没有形成这种勤奋感，他们的人格品质就倾向于自卑和能力感缺失，对于自己是否具备成为社会有用成员的能力感到丧失信心。这种儿童很可能会形成一种消极的同一性。

因此，学习的意义就是让孩子在学业阶段获得基本的勤奋感、能力感，胜过自卑感，以继续满怀信心地走向人生的新阶段。

学习是精明的选择，大脑会自己学习

进入小学之后的学习并不是轻松的，需要孩子调动很多能量去专注于认知过程。但孩子的专注力是有限的，并且与大脑神经发育的程度有关，孩子越小，专注的时间越短。基于发展心理学和儿童认知发展相关研究，我们会发现：在幼升小阶段，5 岁左右的孩子平均专注时长是 10～25 分钟，6 岁左右的孩子平均专注时长是 12～30 分钟。因此，父母们不要把孩子的特点当缺点，不要经常给孩子贴标签说："你太懒了，你就是不自觉。"这种负面评价只会让孩子自卑，甚至变得"厚脸皮"，自暴自弃。

我们要注意观察孩子的学习状态，当孩子学习分心、不爱学习时，要把"大脑疲倦""专注力有限"这样的生理因素考虑进去，看看孩子是不是学累了，需要休息和调节。不要以自己的感觉为判断依据，大人的能量、耐力和专注力比孩子强很多，所以很难感知到孩子的疲倦。

尤其从玩乐的放松状态，切换到需要高度专注的学习状态时，大部分没有经过训练的孩子都会有拖拉、磨蹭、不爱学习等表现。那除了理解和接受，我们要如何帮助孩子克服"好逸恶劳"的本能呢？如何帮助孩子从"享乐世界"切换到"学习的世界"呢？

告诉孩子：贪玩没有错，只是不够精明

每周五，丰收都无法把校内作业做完，一是周末练习量确实大一点儿，二是一周下来孩子总想休闲一下。我认为这个需求也合理，就会允许他周五放学后在小区里和小朋友玩到晚饭时间，先写一部分作业，约定周六再写另一部分作业。但到了周六，不出意外，他会睡个懒觉、吃饱喝足，优哉游哉地在地毯上玩起乐高。

有一次周六上午已经十点了，"他放下乐高，自觉写作业的画面"一直没有出现，我只能上前提醒他："该写作业了吧？快去写作业。"他嗯了一声，继续玩。又过了 2 分钟，我提高声调，不耐烦起来："不要玩了！快去啊！"他下意识地放下乐高，背过身子，哼唧了一句："不想写作业……"

他如此坦诚的表达让我也顺势开始思考：没错啊，学习确实没有"玩"轻松。人类大脑最基本的原理是节能，人人都喜欢省力的事情，而学习却是有点儿费力耗能的事情。当代孩子更容易体验到单纯有乐趣的东西，不用太费力，他们就能享受到物质的乐趣，甚至听听故事、与 AI 学习机像游戏闯关一样互动一下，就可以获取知识。哪怕折纸、画画、抠小东西、发呆，也是舒服的。相比之下，学校内的阅读、写字、小练习等

学习方式以及考核方式却没那么有趣，反而需要孩子排除很多玩乐的诱惑，主动选择投入专注力、维持努力，做更费力费脑的事。

为什么要"吃苦不吃甜"呢？经过这样一番思考，我意识到该给丰收讲讲大脑的知识了。

1. 承认贪玩是正常的

作为一种关键的神经递质，多巴胺扮演着在大脑神经元之间传递信息的重要角色。它通过多个不同的路径进行信息传递，每个路径都被称为"通路"，它们将各个脑区相互连接，并发挥各自独特的功能。在这些通路中，有一个特定的信息传递路径被称为"中脑 – 边缘通路"。当这条通路被多巴胺激活时，我们会产生兴奋、愉悦、激情和有动力的感觉，这种感觉类似于获得奖赏时产生的感觉，因此，这条通路也被称作"奖赏回路"。例如，喝奶茶、享用甜品、玩游戏或观看短视频等活动，都能够促进多巴胺的分泌，这些活动都是通过这条奖赏回路实现的。多巴胺容易让人上瘾，沉浸在简单的感官享受中难以自拔。这种"快感奖励"不需努力或思考即可获得。就像互联网时代的手机成瘾，我们会不自觉地反复滑动手机屏幕，在工作时频繁查看，不断刷新朋友圈，一不留神就浪费了一个上午的时间。这并不能带来满足感，反而可能让我们感到空虚、后悔和自责。我们渴望下一条"信息甜点"带来的奖赏，但内心深处明白这些并不重要，只是浪费时间，妨碍我们专注于更重要的事情。

相信很多人都有过这种体验，孩子们贪玩也是一样的，他们未必不知道学习的重要性，但他们就是想要玩，渴望玩。因此我们可以用孩子能听懂的语言，带着科普扫盲的感觉，跟他们讲讲多巴胺的副作用。

当时，我和丰收说："所有人都会懒，贪玩是正常的，你没有错，只是不够精明。因为一直玩、不学习，就像一直吃糖、喝可乐一样不健康。""为什么你一直想玩？因为我们的大脑中有一种神经传导物叫多巴胺，会不停地拉着你，不停地跟你说'继续玩继续玩呀，玩玩玩'。"

讲到这儿，丰收咯咯地笑了，然后好奇地让我继续讲。

我说："多巴胺会让人上瘾，就像你已经有这么多奥特曼卡片了，却还想买，一直期待下一次拆卡，但如果下次拆的卡和这次的一样呢？"丰收说："那就没意思，除非拆到更好的！"

我说："是的，就会感觉有些失落，还想再买，那能一直买卡吗？"

丰收摇摇头："不能。"

我说："对，因为多巴胺带来的是短期的快乐、长期的不利。就好像奶茶喝完了就没有了，一直喝奶茶会变胖，营养不良；一直看电视、玩游戏会近视。唾手可得的多巴胺会让我们深陷在一个好逸恶劳的沼泽里，短期很舒服，长期会让我们的大脑得不到锻炼，越来越不灵活，甚至越来越不聪明。比如，如果一直玩，不去学习会怎么样？"

丰收接着说："会被批评，影响自己的口碑、心情，更不想好好学了。"

我之前在和他讨论"正循环"（如图 6-1a 所示）与"负循环"（如图 6-1b 所示）的概念时，提到了"口碑"这个词。口碑是基于一个人长期且一致的行为表现，由他人给予的评价。如果一个人持续展现出负面行为，如懒惰、缺乏自觉性、没有自控力，这将导致他获得不良的口碑。尽管这些标签可能过于概括，但在社会互动中，人们往往就是倾向于使用这样的词汇来评价他人，这是一个遗憾却无可否认的现实。受到负面评价的人可能会感到心情沮丧，这反而可能促使他们继续或加剧不良行为，从而陷入一个负向循环。相反，当一个人持续展现出正面行为时，他会获得良好的口碑，这不仅增强了个人的自我形象，还增强了其继续保持良好行为的信心。良好的心情又会推动这个人继续展现出正面行为，从而通过一种积极的内在动力形成了人生的正向循环。

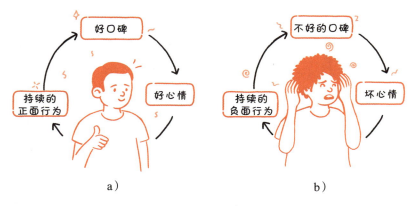

图 6-1　正循环和负循环示意图

图 6-1 是丰收一年级时画下的正负循环的简易模型，大家也可以尽早把这两个模型科普给孩子，虽然人生无法简单地只

用这两个模型来概括，但对于孩子来说，这两个模型是最容易被理解的，也是常见的基本行为现象。

2. 唤醒孩子趋利避害的本能

内啡肽，也被称为脑内啡，是一种由脑下垂体分泌的类吗啡生物化学合成物激素。作为一种天然镇痛剂，它被称为"快乐激素"或"年轻激素"，因为它能够带给人们愉悦、平静和满足感，甚至有助于缓解压力和不愉快的情绪。例如，当人们进行一段较长时间、中等强度以上的运动时，大脑会释放内啡肽，使人感到精神焕发。此外，内啡肽与成就感紧密相关，当人们付出努力、完成任务或实现目标时，会感到极大的愉悦和满足，内心充满祥和与宁静，这些都与内啡肽的分泌有关。诺贝尔奖得主罗杰·吉尔曼（Roger Guillemin）发现，人体产生内啡肽最多的区域以及内啡肽受体最集中的区域，与学习和记忆相关。这意味着，学习和记忆的过程，特别是从不熟悉到掌握知识或技能的过程，可以促进内啡肽的分泌，从而带来成就感。

因此，我们需要把"内啡肽的快乐"及其对人生的有利影响告诉孩子。趋利避害是人的本能，前提是我们的孩子真的懂得多巴胺的"害"和内啡肽的"利"。

我是这样跟丰收科普扫盲的："内啡肽的快乐，是付出了努力与汗水之后，获得的满足与快乐！比如，你现在都能回味起，上次你们班拔河比赛胜利时的那种开心和满足对不对？内啡肽带给你的喜悦、成就感是久久不能忘怀的，是一种深深的满足。"

不仅如此，经常通过努力达成目标，做对自己和他人真正有意义的事，还会让我们的大脑更聪明、意志力更强，获得学习和生活上的自信心。当我们自信的体验增多后，日后应对新的挑战时就更容易鼓起勇气，也更容易获得能力感、胜任感和对生活的掌控感。

当然，依据孩子的认知能力、语言理解力，你可以适当调整自己的用词，想办法用孩子能理解的语言表达：多巴胺的快乐就像会让人上瘾的糖果，内啡肽的快乐就像登山后的心旷神怡。注意与孩子沟通时，不要站在孩子的对立面，避免让孩子感到你在"兜售"自己的观点而心生逆反。孩子不喜欢被说服，但会下意识地趋利避害。和孩子站在一边、轻声细语地科普，更容易激发起孩子趋利避害的本能，选择去做对自己真正有利的事。

我还会用比喻的方法，结合正循环和负循环的模型，帮助丰收理解："吃喝玩乐就像一个沼泽，让你深陷其中，妈妈去拉你的时候，你很不高兴，会撒谎、逃避、拖延，这样多次之后，我也会失去耐心，还会对你有不好的看法，最终影响的是你自己的口碑。你也会生气、烦躁、懊恼，陷入一个负循环的沼泽。"在实际场景里，这些内容我会说得比较慢，以确保丰收能够句句理解，步步跟上。然后我会再用比喻的方法描述正循环，我继续说："那要如何自救呢？需要你先愿意到另一处名叫正循环的岸上来，这里有小船，我们一起划船去乘风破浪，去看远处的春夏秋冬的美景。"

我记得丰收当时瞪大了眼睛，像被击中了一样，有一种顿悟感！然后我们抱了抱，他深深地呼出了一口气，心情安定下来，调整好坐姿，开始写作业了。

告诉孩子：大脑会自己学习，要信任自己的大脑

孩子们应该了解大脑具有可塑性，这意味着它会随着使用而发展或因废弃而退化。大脑由数以亿计的神经元及其相互连接组成，这些连接形成的神经网络帮助大脑对外部世界进行建模。重要的是，这个过程是动态的，意味着这个网络并非一成不变。神经科学和认知心理学的研究揭示了大脑通过调整神经元之间的联系来存储、优化和调整接收到的信息，从而构建更适应外部世界的心智模型。这表明，大脑会不断地自我完善和学习，正如"熟能生巧"所表达的含义那样。

我们需要用孩子能理解的语言告诉他，大脑会自己学习，只要我们给它足够的信息。你"喂"给大脑什么样的信息，它就会认为世界是什么样的，从而去自主学习直到掌握。你"喂"给它过于简单的信息，大脑就会变得懒惰、懈怠，因为它没有更多学习的素材。你"喂"给它有些复杂、需要反复练习的信息，大脑就会努力改变自己、调整自己，直到得心应手为止。

每当丰收在学习上畏难、犯懒的时候，我都会提醒自己不要去指责孩子，因为真正在接受信息、掌握信息的是大脑这个器官。我要做的是，卸下孩子的心理负担，不要让他觉得学习很辛苦，自己在困难面前很渺小，而是告诉他大脑是很神奇的，它会自己学习！

我依然带着科普扫盲的态度，轻声细语地对丰收说："大

脑很厉害的，它会自己学习，只要你给它足够的刺激、足够的信息、足够的练习，它就能熟能生巧。我们要信任自己的大脑。"

当丰收第一次听到这个原理时，非常惊讶、好奇，他问我："真的吗？"我说："真的。你还记不记得之前有阵子读英文绘本的时候，前一晚，你怎么都说不顺、记不住 elephant 这个词，我们俩睡前演练了好久，最后睡着了。第二天早上醒来，突然你就会背了，说得特别顺！"他笑着疯狂点头，像发现新大陆一样："对的对的，我记得这个事儿，我还记得那个绘本，是大象一家拍全家福的故事。"我也很开心，我说："你看，大脑是不是很厉害！"他说："对！我背乘法口诀表也是这样，熟悉了就不费劲了。"

结合曾经共同经历的这些体验，我继续和他说："大脑很神奇，它是你的得力干将，你是它的指挥官和信息官，你负责输入信息，多多练习，它负责学习信息，掌握知识。它就像一台电脑，你只管打字，输入正确的信息就好。"

这样引导的核心是，把大脑和孩子的学习行为分开。因为大脑才是学习的接收器，大脑具备超强的学习能力，这一点会给孩子很大的安全感、确定感和自信心。那么为了让大脑学得更好，孩子只需要去学习、找到科学的学习方法即可。这样孩子会感到：我去学习，就是在给自己的大脑输入信息，把自己的大脑当作小兵来训练，我只需要耕耘，大脑自然会学会。这样就极大地提高了孩子对于学习结果的良好预期，提高了他学习的主动性。

经过几次这样的沟通之后，丰收深深信任了自己的大脑会自主学习，于是，他就会去输入更多的信息给他的大脑，在行动上的表现就是更愿意去读书、写字、做小练习。结合孩子以往类似的经验，更容易让孩子相信大脑会自己学习。比如，丰收在练钢琴的时候，每当遇到不熟练的新曲子，我都会提醒他"大脑在等待你的'投食'哦"。他开始每天练习，把长曲子分成 2～3 个片段，一段一段地练习。一般 3 天后就能掌握一小段，他很惊喜，越来越信任自己的大脑，就更愿意去练琴了。也许，勤奋学习的孩子都得到过这样的正反馈，他们更信任自己的大脑。

如何有效地陪伴孩子学习

由于自我管理能力有待发展，大部分幼小衔接阶段和刚入小学的孩子在学习上都需要父母的陪伴，父母也需要通过陪伴来辅助孩子养成良好的学习习惯。但是在陪伴的过程中，由于亲子节奏不匹配，经常出现父母生气催促、着急纠错、要求孩子多加练习，孩子却拖延、贪玩、发脾气、效率低等情况。一旦陪伴孩子学习的过程变成了"鸡飞狗跳"的战场，亲子关系就会非常紧张，父母们会越来越焦虑，陷入"情绪失控—吼孩子、打孩子—后悔、后怕—情绪再次失控"的负循环。孩子也会慢慢变得焦躁或对学习失去信心，有些孩子会变得消沉、逃避学习，有些孩子会开始和父母对着干，陷入"逃避学习—哭闹发脾气—宁愿被打也不要学习"的负循环。

在陪伴孩子学习的过程中，父母们的焦虑和无助也受到他们自己儿时的学习体验和学业成就的影响。有些父母在年幼时自觉学习，没有让家长费心，也因为不错的学业成就得到了职业发展和生活轨迹的跃迁，因此他们更难理解自己的孩子为何如此贪玩，好话说尽、打骂吼叫都没有作用，他们比自己的孩子更难承受学业上的落后，对孩子的学业和未来充满担忧。还有一些父母自己小时候吃过学习的苦，学习的体验非常糟糕，强压下的学习训练让他们非常反感，但又对学业落后充满恐慌，这种被压抑着、驱使着学习的心理冲突非常深刻，以至于会无形中投射到自己孩子的学习过程中，一方面不想给孩子压力，不希望孩子体验自己小时候学习的痛苦，另一方面又对孩子的懒散行为和能力不足而焦虑恐慌。

建立亲子同盟，做孩子的教练，而不是法官

在陪伴孩子学习的过程中，父母总是把握不好介入的程度和方式。有些父母会非常警惕孩子在学习上依赖自己，经常对孩子说："学习是你自己的事情，我有我的事情。"平日里，对孩子只提要求，只做法官，负责"审判"，让孩子感到父母高高在上，总是站在他的对立面，缺少心灵上的陪伴和支持。尤其对小学一二年级的孩子来说，如果父母要求孩子完全独立学习、自己检查、自行管理，那么可想而知，一个贪玩、会犯错、自控力薄弱的小孩，如何能做到？如果初入小学，孩子得到的对学习的所有体验都是负面的，比如作业很难、我不专心、我很粗心、我就是做不好、我不能让父母满意等，那么孩子很难在日复一日的学习中坚持下去，自然会抱怨学习太苦了。其实是孩子们太孤独了，形单影只，孤军奋战。

有些父母会给孩子讲学习对未来生活的影响："现在努力学习，是为了以后可以选择过什么样的生活，而不是生活逼迫着你必须怎么做。"这类指向未来的"大道理"对孩子来说很抽象，他们只会似懂非懂地认同，短期内有助于产生积极的学习行为，而长期看来，这样抽象的"大道理"不足以支撑孩子持续地勤勉学习。为什么呢？因为即使孩子出于对父母的信任而认同了"大道理"，学习这件事也是需要持续付出体力、耐力、意志力的系统工程，而不是"知道了就能做到""知道了就能做好"的事情。

从"知道"到"做到""做好"，再到"持续做好"，是一个特别需要能量的动态过程。我们可以对孩子说"学习是你自己的事情"，但只靠孩子一个人是完不成或做不好如此需要持续输出能量的系统工程的。尤其对刚入小学的孩子来说，能量供给是支撑孩子持续学习的底层系统，为孩子的认知学习提供源源不断的动力。因此，父母不仅要刷新孩子对于学习这件事的认知，让他们具备正确的学习观，还要做孩子的"充电宝""能量站"，做孩子的同盟军。就像火箭需要燃料，孩子的学习需要重视学习且真真实实地付出时间精力陪伴孩子的父母。

回忆我的学业生涯，我的父亲一直给我这种能量站的感觉。他是我的同盟军，而不是让我害怕的法官。小学时期我成绩优异，但差 1.5 分没有考上重点初中 B 中学。虽然能感受到父亲的失望和焦虑，但他没有批评我，只是表达了惋惜。随后我进入了一所普通初中 C 中学读书，初一的第一次月考，我的数学成绩很不理想，老师让父亲对我严格一点儿，他却与我促膝长谈，和我一起讨论如何制订提高数学成绩的行动方案。

他说："你的数学比其他科目要弱一点儿，如果我们想提高，就需要多一些时间预习、复习和整理错题集。"但那时我早出晚归，如果想给自己"加餐"，就只能起得更早争取额外的学习时间。于是父亲问我："要不我们每天早上 5 点起床，比别人多学 40 分钟？"我说："好。"父亲说："那你想好，一旦决定了，就是 3 年哦！早起一天容易，难的是天天早起，你能做到吗？"我说："能。"

从此之后，每个周一到周五，父亲都会早上 5 点自己先起床，然后到我的房间叫我起床。为了节约时间，叫醒我之前，他会在我的牙刷上挤好牙膏，漱口杯加好温水，洗脸水倒得烫一点儿，我可以用最短的时间完成洗漱。还记得冬天早起是最难受的，他叫醒我的方式永远只是喊我的名字，叫一声"起床了"。如果我不起，他就会扶着我的后背，支撑我坐起来，说："洗把脸就好了。"我会再躺下 2～3 次，他会再扶我坐起来 2～3 次，问我："今天是吃酸奶面包，还是方便面打鸡蛋？"然后我就会眯着眼睛穿衣服，去洗漱。然后坐到书桌前开始学习。就这样坚持了 3 年。

中考时，我以 C 中学全年级第 2 名的成绩，考入了全市最好的重点高中 A 中学。可以说，初中这 3 年深刻影响了我对学习这件事的看法和体验。每每想到学习，虽知有辛苦，但我心里不觉得苦。父亲的陪伴让我感到不孤单，有持续温暖的力量。在披星戴月的求学路上，向往星光。

当然，父母们不必牺牲自己的生活，完全投身于孩子的学习。而是整体感受一下，当孩子觉得读书学习确实很辛苦时，是什么在转化这种苦？除了口头上的要求和失望后的批评，父母最好有身体力行、尽力而为的陪伴和支持。不必拘泥于陪伴的细节和形式。有时候哪怕只是在孩子学习时给他切点儿水果，孩子都能感受到父母是他的同盟伙伴，而不仅仅是法官。

有些孩子甚至会因为父母的陪伴减少，只关心学习成绩，而在潜意识里不想长大，不想失去学龄前那些与父母无忧无虑玩耍的亲子时光。进而会在学习上难以持续专注，甚至会故意做不好来引起父母的关注，因为只有在他们学习不够好的时候，父母才会花时间精力关注他们，哪怕是吼叫、打骂，在孩子看来也是关注，是有效的缠住父母的方式。

我就体验过这种感觉。记得有一次，我在家中用餐时，8岁的丰收突然拿着一根 1.5 米长的塑料杆子，挥舞着走下楼。我的第一反应自然是阻止他，我语气温和地对他说："这个不能在家里玩，把它放回去。"他放回了原位，但不到 1 分钟，他又拿着一根 1 米长的竹竿，笑嘻嘻地走了过来。我非常生气！他是故意的吗？我大喊道："你是在故意惹我生气吗？"他看到我真的生气了，立刻躲到床上躺着。

我大声说："你下来！为什么我好好说话你不听？我刚告诉你不可以，你就又拿来一根！这是从哪里来的？"他回答："我在小区里捡的。"我努力平复情绪，示意他从床上下来，然后严肃地质问："你已经不是 3 岁的小孩了，为什么要明知故犯？非要逼我发火吗？"他意识到我真的生气了，带着哽咽的声音说："我只是想要吸引你的注意，你应该能理解我的心情。"

我已经被怒气冲昏了头脑，只想发泄，他对我的拒绝充耳不闻的行为让我感到被挑衅，我拍着桌子质问他："一而再再而三地试探，你到底想干什么？！"他支吾地说："我也不知道，我就是觉得无聊。"我说："如果你觉得无聊，你可以用嘴巴说出来，你是想让我陪你玩吗？当你的表达能力有限的时候，妈妈会尝试理解你的意思。但现在你已经 8 岁了，你长大了！我不可能再时时刻刻去猜测你的想法，你需要用嘴巴说出来！"他点了点头。

几天后，当我回顾这件事时，我才意识到自从他上了二年级，我确实更关注他的学习。除了学习之外，我们很少再有其他亲子活动。唯一坚持的睡前聊天，也大多是询问他在学校的情况。丰收和我们无忧无虑的亲子时光少了很多。学习结束后，他有时会说"我不想长大""我都没时间玩了"……于是，我们恢复了一些亲子活动，比如"睡前亲子阅读""大富翁桌游""周末环湖骑车"等。

毕竟学习是一个独自的认知过程，思考和练习不仅耗能，而且都是相对缺乏情感交互的理智性的工作。也许这是许多学龄期孩子，尤其是那些性格外向、爱与人互动的孩子们的共同体验：一直自己学习好枯燥、好孤独。受限于他们的语言表达能力和情绪觉察力，他们很难直截了当地告诉父母："我很无聊，我很孤独，你们能不能陪我玩一会儿？"他们会倾向于通过屡教不改或明知故犯来引起父母的关注，用错误的方式与父母产生情感上的联结，缓解自己的无聊和孤独，但往往得到的是误解和伤痛。

　　因此，与孩子建立亲子同盟，也意味着我们需要平日里有意识地保留一些轻松愉悦的亲子时光，加入一些亲子团建的项目，如亲子阅读、亲子桌游、亲子羽毛球等，哪怕一家人打打扑克牌也是能增进感情的亲子互动项目。这样的亲子时光不是各玩各的，而是真的共同参与到某项活动中，让孩子感到与父母有共同的话题可以交流，有情感共鸣与认知共识。这样的同盟体验会非常有助于建立亲子之间的信任，增加彼此之间的认同（如图 6-2 所示）。这样的亲子信任和彼此认同的体验就像一个充满爱的箱子，能够为孩子的学习和生活提供源源不断的能量，尤其在他们需要付出努力、克服困难的时候，他们更愿意信赖父母的教导，鼓起勇气坚持不懈地行动。高质量的亲子互动能够让父母和孩子拥有同频共在的感觉，一起阅读同一本书、在同一规则下玩游戏、互相倾听、一起大笑……这样亲子节奏匹配的和谐体验也会让父母们更容易在应对育儿挑战时对孩子保持接纳与耐心。拔掉杂草最好的方法，也许是在花园里种满鲜花。

图 6-2　保留亲子时光

除了恢复"亲子团建"时光，我和丰收还互相制作了"好好说话提醒卡"（如图 6-3 所示）。就是彼此给对方制作一张卡片，上面写上在对方情绪失控时，想要提醒对方的话。

图 6-3　互相制作"好好说话提醒卡"

丰收写给我的是："不要大喊大叫，不要大喊大叫，不要大喊大叫，重要的事情说三遍。"我写给他的是："就事论事，好好说话，不发脾气。"提醒卡的使用方法是，一方有权利在任何时候出示提醒卡，另一方需要无条件降低音量，控制自己的言行。我们相约更理智地表达，更加约束自己的言行，管理自己的情绪表达方式，这本身也是一种建立亲子同盟的方法。

当我承认我不是完美的时，丰收也更愿意承认自己的不足了。那次"棍子风波"之后，他提议说："我们再来个抱抱仪式吧？！"哐当一声，他就坐到了我的腿上，好沉啊！我像他小时候那样把他横抱在怀里，晃来晃去，我们俩哈哈大笑，我不禁感叹："你太沉了，你长大了……"

当我们承诺互相提醒、共同进步时，孩子和我都得到了很多勇气，心连心的感觉让我们彼此更加贴近对方。那日，他坐回书桌前，工工整整地把字写得特别好看，仿佛浑身上下充满了能量。

随着孩子年龄的增加，尤其进入学龄期之后，亲子节奏经常出现不匹配的情况：父母认为孩子应该马上去写作业了，但孩子还沉浸在刚刚散步回来慢悠悠的节奏里；父母认为错过、讲解过的题目就不应该再错了，但孩子依然做错；父母认为练习量不多、难度不大的任务，孩子却很容易走神、拖延……这时候，父母尤其需要警惕自己陷入"法官"的角色，不然亲子关系会很紧张，孩子会越发失去自信，父母自身也会更加焦虑无助。为了应对这些挑战，父母首先需要调整自己的角色，与孩子建立亲子同盟的关系，成为孩子的教练和同盟军，这样才能从"搞定孩子"的情绪旋涡中跳出来，一起和孩子肩并肩去"搞定问题"。是的，需要搞定的不是孩子，而是问题。

孩子畏难、不肯学时，该如何引导

在陪伴孩子学习的过程中，很多父母都对孩子的畏难情绪不知所措，因为孩子遇到挫折后通常会沮丧，甚至发脾气，不愿意再尝试，试图逃避困难，产生负面的自我评价。父母们会本能地安慰孩子、鼓励孩子，教导孩子要勇敢、不怕困难，但往往收效甚微。

是因为孩子遭受的挫折太少了，才这么脆弱吗？小时候经常给孩子一些挫折教育就能提高他成年后的抗挫折能力吗？其实，提升孩子挫折抵抗力的核心不是给予多少挫折事件，而是如何帮助孩子建立健康的压力反应系统。

“挫折”“挫折感”“逆商”“挫折抵抗力”“挫折教育”这几个概念经常被父母们混淆。首先，我们需要区分“挫折”和“挫折感”，并能够辨别不同“热量”的挫折感。

挫折，是指让个体目标受阻的具体事件、行为等，是会被个体的认知加工处理的客观信息。挫折感，是随着挫折事件的发生，个体产生的烦躁、生气、恼怒、沮丧、无助的内在体验。

任何一个发育正常、有血有肉、有自尊、有期待的人，遇到挫折都会产生挫折感，没人喜欢挫折，这是再正常不过的，只是或大或小、或多或少。畏难情绪很正常，它是人类共有的、正常的情绪。

在平日的咨询工作中，我观察到孩子们的挫折感及相应的情绪表达方式大致分为“热”和“冷”两大类。**“热”挫折感，是指那些情绪体验和反应都比较激烈的感受，常伴有攻击性、破坏性的情绪表达方式。**越小的孩子，越会在受挫的第一时间表现出烦躁、生气、哭闹、恼怒等这些比较“热烈”的情绪，他们会大喊大叫着把积木全部推倒，把书狠狠地扔掉，把没写好的字全部擦掉，还会气呼呼地噘嘴、跺脚，双臂抱紧在胸前，生玩具的气、生妈妈的气、生自己的气。

父母们往往会在这个时候否定、压抑孩子的情绪，试图通过“强行鼓励”“打鸡血”来立即消除孩子的负面情绪，甚至用恐吓、贬低等方式期待孩子振作起来，比如：

- "生气有什么用啊？着什么急啊？不至于，没必要，再努力就是了！"
- "别哭了，来，我们吃个巧克力，再试试！勇敢点儿，不要放弃，你要继续努力！"
- "不许哭，这才小学就要放弃吗？到了初中高中你怎么办？过来！1、2、3……"
- "你真是懦弱！你就这么懒吗？没出息！"

这些话语未必能够起到激励的效果。有些孩子会继续哭泣、逃避，有些孩子会非常生气，攻击自己或攻击父母，有些孩子会产生负性的自我评价，甚至说："我就是笨蛋、傻瓜，我真的很差劲。"

如果孩子不断地失败，持续体验到无法让父母满意，无法达到某种预设的目标，他们**可能会有沮丧、伤心、退缩、自暴自弃等"低温度"的情绪反应和行为表现，即倾向于回避、退缩的"冷"挫折感**。这种情绪低落、对什么都提不起兴趣的状况如果持续比较长的时间，有可能引起抑郁情绪或厌学、回避学校等适应困难。

因为持续不断的挫折会偷走一个人的能量，让他躺在地上。你越去把他拽起来，强行充电，他越和你对抗，不愿意起来。很多次的"你越想让我起来，我越不起来"的拉锯战后，由于你也不断体验着强烈的"挫败感"，你的能量也被抽走了。这就是我在平时的咨询工作中观察到的典型的"自暴自弃"产生的过程。很多父母和孩子都会陷入这样的纠缠和互动，难以自拔。

孩子的这些表现往往让父母更加痛心，我们真正担心的是：孩子们有"畏难情绪"吗？每当我问身边的父母们这个问题时，他们都会沉思片刻，然后告诉我："不，我真正担心的是孩子不再追求成功，更害怕孩子对自己丧失信心。"

曾经有一位四年级男孩的妈妈找我咨询孩子的厌学问题（如图 6-4 所示），这个男孩由一开始的上课走神、做题粗心、畏难情绪严重，发展到不做作业、成绩下降，并开始要求父母给他买贵重的衣服、鞋子，开始与同学攀比，沉迷于玩手机，还经常与老师、同学发生冲突，厌倦学习，也常说不想去学校了。

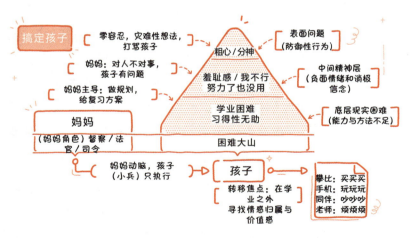

图 6-4　某四年级男孩厌学咨询－初始访谈分析

我和这位男孩的妈妈进行了两次访谈之后，发现孩子现在的表现都是在转移焦点，因为自己在学业和父母面前遇到的压力难以疏解，为了弥补自己缺失的归属感和价值感，孩子开始在学业之外寻求"我很好""我很棒"的感觉。

孩子面临的"学习困难"这座大山，可以分为三层来理解。最上面一层是孩子遇到的表面问题，也是学习相关的具体问题，如粗心、分神。同时，孩子妈妈对于孩子的粗心、分神是"零容忍"的，或者在一番教育之后，孩子的粗心情况并没有明显的好转，妈妈就会开始有一些灾难性的想法，比如，这意味着孩子专注力不好、学习态度不好，甚至会成为一个厌学的孩子。进而妈妈逐渐变得暴躁，开始严厉批评甚至打骂孩子，一方面父母释放了自己的焦虑和挫败感，另一方面父母在当下认为自己是在实施管教，只有足够严厉，才能让孩子意识到自己有问题、有不足，需要悬崖勒马，知耻而后勇。但现实却事与愿违，这位男孩面对妈妈凶神恶煞、扭曲痛苦的脸庞，不仅被打得痛哭流涕，而且他相信了妈妈所说的那些"重话"：他是让人失望的，他专注力很差，他做不好，他很差劲。妈妈没有想到孩子如此信任她，相信了这些负面评价，孩子很伤心、很自责，但并没有表现出妈妈期待的积极向上，因为他觉得自己曾经努力过，但还是做不好。

经过很多次这样的体验之后，面对学习困难这座大山，孩子产生了很多负面情绪和消极信念（中间精神层），情绪低落，"我不行""努力了也没有用"等信念导致其产生羞耻感和自卑感，孩子的自信心正在逐渐丧失。

学习困难这座大山的最底层，是孩子真正面临的现实困难，即缺乏学习方法和自主学习的能力。因为在学习过程中，妈妈一直扮演着"督察""法官""司令"的角色，妈妈会给孩子做学习规划，给孩子复习方案，孩子只需要按照妈妈规划好的步骤，像士兵一样去执行就可以了。妈妈做的规划确实很详尽，但孩子总觉得提不起精神，因为在学习这件事上，孩子仿佛需要"仰仗"妈妈这个全能的指挥官，自己则像一个不必用脑的小兵，缺乏有效的学习方法和有针对性的练习，较少有机会学习如何自己分析问题、规划练习内容和实施计划。因此，稍不留神就要犯错，犯错多了，被惩罚和被批评多了，士兵就很怕打仗了。这个男孩渐渐感到自己对学业失去了控制感，产生了"怎么努力也没有用""自己希望的结果不会发生"等消极的预期，进而不再采取行动来改变这种情境。心理学上把这种由于长久的失败而产生的无助感叫作"习得性无助"，更糟糕的是，对尝试和努力的放弃可能导致消极预期成真，从而导致恶性循环。这才是很多孩子陷入学习困难的根本原因。

学习如何应对逆境是儿童健康成长的重要组成部分。

当我们受到威胁时，我们的身体会通过增加心率、血压和压力激素（例如皮质醇）来应对。来自哈佛大学儿童发展中心的研究表明：当在与成年人有支持关系的环境中激活儿童的压力反应系统时，这些生理效应将被缓冲并恢复到基线水平。结果就是开发了健康的压力反应系统。但是，如果压力反应极端而持久，并且儿童无法获得缓冲，则可能会使大脑结构受到损害，并终身受到影响。

从上面那位男孩的案例分析中，我们可以看到，他面临着双重压力：学习困难这座大山和妈妈对他学习不佳的应对方式。妈妈以督察、法官、司令的角色对孩子进行的严厉监督、惩罚、指挥等行为，对孩子来说是"二次挫折事件"，是学业失败之后的雪上加霜。

哈佛大学儿童发展中心的研究表明：如果孩子得不到心理上的支持和现实的帮助，那么持久而强烈的挫折感（挫折体验）会损伤大脑，使得大脑神经连接变得稀少而脆弱。若儿童尽可能早地与有爱心的成年人建立支持、反应性关系，就可以预防或逆转毒性应激反应的破坏作用。这就是"逆商"了，它是一种综合能力，包括处理挫折感、评估挫折事件以及解决问题的能力。

当孩子畏难、不肯学时，父母该如何引导，才能让孩子把负面情绪变成前进的动力呢？

1. 父母需要进行自我管理，调整自己的角色和站位

从"督察、法官、司令"的角色，调整到"陪伴者、启迪者、教练"的角色，**建立亲子同盟，从"搞定孩子"到和孩子一起"搞定问题"。**

接纳孩子的现状，适当忽略孩子目前存在的问题，要"眼睛里容得进沙子"，不夸大眼前的困难，消除灾难性的想法。相信我们可以调整行为习惯来获得成长，克服困难，因为不是"孩子有问题"，而是孩子"遇到了问题"，有待成长。我们要把"人"和"事"分开处理，避免针对人的羞辱和攻击，对人宽容，对事精进。

父母们要允许孩子体验挫折感，不要强行给孩子"打气"。比如跟孩子说："没关系，你要勇敢，我们再试一试！

加油！"	"哭有什么用？再努力一次不就好了？"很多妈妈告诉我，当她这样安慰、鼓励孩子时，孩子反而更生气，哭得更凶，甚至和父母争吵。因为孩子的情绪需要有一段释放和消化的时间，如果他们能言善辩，他们也许会说："难道我刚才没有尝试吗？难道你没有看到我努力了吗？可还是没有做好啊！我现在感觉那么糟糕，我怎么还能冷静地再试一次呢？我的能量已经耗完了。我只想发泄！我真的很伤心啊，妈妈！"

每个孩子都需要一点儿时间来恢复能量，我们要适当地与孩子共情，陪伴孩子度过低落的时刻，允许孩子有自己学习和调整的节奏。上述那位四年级男孩的妈妈，也是从接纳孩子的挫折感开始做起的。她在老师打来"告状"电话后，没有像往常一样回家批评和责骂孩子，而是带着垂头丧气的孩子去吃了一些好吃的，回到家时，妈妈和孩子的情绪都缓和了很多，她与孩子促膝长谈："我们不要吵架好吗？妈妈跟你是一队的，我们一起想办法搞定这个问题。"孩子欣然接受。调整了角色，修复了与孩子之间的关系之后，妈妈发现亲子沟通开始进入顺畅的轨道。

2. 在面对挫折事件的当下，聚焦问题，积累小成功

花一点儿时间陪孩子度过失败时的沮丧，当他感觉好起来时，父母再去鼓励和协助他继续面对困难。聚焦于当下的问题，用启发和提问的方式，引导孩子做出行为调整，优化学习策略，找到有效的学习方法，并最终获得成功。每成功一次，孩子就会得到一次的自信。一次又一次之后，信心就像滚雪球一样，会越滚越多，越滚越大。

"失败是成功之母"，也许是指失败的情绪被平复之后，吸取经验教训而获得的"小成功"才是成功之母。没有"小成功"，人就没有能量和动力去追求更多、更大的成功。那些会"越挫越勇""越压越有力"的人，并不是因为他们喜欢挫折，体验不到挫折感，而是因为他们获得过大大小小的成功，积累过很多成就感。孩子不会像成人那样越挫越勇，除非他们获得过很多成功的体验。

在这个过程中，父母不要喧宾夺主、包办代替，下意识地开始指挥孩子。而要先跟随孩子的节奏，让他从纯执行的"小兵"转变成做自己的司令，帮助孩子自我主导。比如，授之以渔，教孩子学习方法，优化孩子的学习策略。前面案例中的那位四年级男孩的妈妈，不再把做好的规划扔给孩子，而是教孩子如何自己做规划，如何筛选易错题以便有针对性地去练习，如何制作可视化的流程图，如何拆解大目标，如何先从少量的练习开始积累成功等。这位男孩从每天只做 20 道计算题开始，坚持了一个学期，正确率几乎都在 100%，不仅自信心增强了，专注力也大大提高，分神和粗心的情况已经不再困扰他了。由于他掌握了科学有效的学习方法，现实的困难被一一解除，获得了实实在在的成功，得到了老师和父母的认可与激励，他非常开心，学习动力也增强了。

每当孩子获得"小成功"时，我们与其大大地赞扬，不如诚恳地询问他是如何做到的。每当我的儿子丰收获得了令他满意的结果时，我都会很诚恳地问他："你是怎么做到的？"这是一个屡试不爽的启发式提问，每当这个时候，丰收都会下意识地回望过去，组织语言，告诉我他做了什么，遇到了什么困难，他是如何思考和调整行动的。那些过程对他来说是真实的一分一秒，不是夸夸其谈，不是"鸡汤""鸡血"。当这样的体验和复盘多了之后，下一次挫折来的时候，孩子就会一边承受着挫折感，一边气定神闲、摩拳擦掌地迎接挑战，这不就是孩子前进的动力吗？

3.赋能孩子，平日里有意识地帮助他建立积极的信念

有些孩子比较容易把挫折感转化成前进的动力，有些孩子则比较难做到，这是为什么呢？我在平时的咨询中观察到，除了受孩子先天气质类型、个性特征的影响，孩子越挫越勇的动力会从同样有着积极人格倾向的抚养者身上沿袭而来。这里仅从后天的教养，尤其是父母的教养方式上来谈一谈我观察到的现象。

几年前，有个二年级小朋友的妈妈告诉我，孩子在学习上特别消极、不自信，比如数学小练习错得很多，得了 C，妈妈鼓励她说："你很聪明，只要努力就可以考到 A+。"这个孩子却说："我很傻的，我是笨蛋。"妈妈说："怎么会啊？！你肯定可以做到的，努力就可以。"女儿反复答："我做不到，我不可能考到 A+。"

这个女孩确实在学习面前畏难、犯懒，丧失信心，产生了很多消极的自我评价，同时，她会敷衍或逃避与妈妈沟通。妈妈感到非常无助，平时付出那么多，盯学习抓效率，甚至会请假回家帮孩子复习，孩子却如此不求上进。一看到孩子躺在床上懒散懈怠的样子，妈妈就会火冒三丈、大失所望。

　　进一步咨询，我发现妈妈也有对孩子满意的时候。比如，有一天孩子提起精神，全神贯注、一气呵成，25分钟就写完了平时最头疼的数学作业，且正确率提高了。妈妈惊讶地说："你看，你可以的啊！竟然25分钟就写完了，这不是很好吗？只要你认真努力，你就可以做得像这次这么好！"这番话乍一听像是肯定和表扬，孩子却耷拉着脑袋，红着脸说："别高兴得太早，可能就是昙花一现。"因为在孩子听来，妈妈的意思是："你之前太不努力了！如果你每次都像今天这样努力，不就好了吗？"这位妈妈的潜在逻辑是：只要没成功，就意味着你之前不够努力。这次成功就只是这次努力的结果。

　　而一个有着积极人格倾向的妈妈，可能会这样说："妈妈看到你全神贯注，25分钟就完成了，真厉害！这一次的完成不只属于这一次，还包含着你过去每一分每一秒的努力，是我们过去每一次浇水施肥、辛勤耕耘的结果。妈妈真为你感到高兴，你一定也为自己感到高兴，是吗？"

　　这一次孩子听到了什么呢？感受如何？他将如何看待自己？如何看待自己过去的行为？他接下来会怎么做呢？是的，有着积极人格倾向的家长不会轻易告诉孩子"你不够努力，因为你没成功"。他们会善于肯定孩子过去的努力，哪怕只是一点点，他们总会让孩子感受到真切的价值感！渐渐地，孩子就会通过实实在在的"小成功"建立起自信，并愿意去尝试和面对新的困难。

　　事实上，在学龄阶段，孩子努力了也不一定会取得妈妈或老师理想中的成功。因为孩子们普遍缺乏学习方法和相应的科学训练，他们的专注力和意志力还在发展过程中，并且有个体差异。

作为父母，我们的首要任务是赋予孩子能力，而非用理想中的标准来严格要求眼前的孩子。那么，在日常生活中，我们应该如何赋能孩子呢？

在顺境中，当孩子的表现令人满意时，父母应避免不当的夸奖，例如："你看，这次认真努力了，不就成功了吗？"相反，我们应该肯定孩子长期以来的努力，并告诉他们："没有任何成功是偶然的，它是你过去不懈努力的结果。成功基于持续的努力，而不仅仅是因为你的态度有所改变。"我们不必过分关注孩子的态度，因为态度往往会随着良好行为习惯和自信心的培养而逐渐改善。孩子已经尽了最大的努力，接下来只需要继续坚持。

在逆境中，当孩子的表现不尽如人意时，我们需要接受变化，调整自己的期望，接纳孩子真实的样子。通过积极的关注和逐步的练习，我们可以帮助他们重建自信。积极关注不是盲目地鼓励和表扬孩子，而是在孩子不尽如人意的时候，也能发现他已经做到的、值得肯定的部分。

在超过十年的儿童教育和家庭教育咨询过程中，我注意到许多擅长积极关注孩子的父母。面对不够自律的孩子，他们会说："尽管你有些不愿意，但你仍然坐在书桌前开始写作业，并且已经独立完成了这两道题。"他们不会让孩子感到"我永远不够好"，而是经常让孩子感到"我有可取之处，我还想更好"。他们也会生气发火，但绝不会轻易给孩子贴上负面标签，因为他们知道孩子会相信并产生"我不够好，我很差劲"的信念，也许这是出于孩子信任父母的本能。

有着积极人格倾向的父母相信一切都是学习的机会，一切都可以学习，学习本身就是熟能生巧的过程，相信日积月累的专注和高效，总会推动成功的结果产生。所以他们更加身体力行地去训练孩子、培育孩子，而不仅仅指望着孩子自己变好，他们知道学业上的对比和竞争已经给了孩子很多压力，他们更需要信任和积极关注孩子，帮助孩子通过循序渐进的练习训练大脑，积累"小成功"。

过度的说教并无益处，因为孩子们更倾向于信任他们亲身经历过的事情。特别是在遭遇失败时，我们更应该着重于引导孩子进行自我肯定，让他们回顾整个学习的过程，首先指出自己感到满意的部分，然后提出可以改进的地方。这样的引导不仅有助于激发孩子的内在动力，还能让孩子意识到他们并不是在孤军奋战。

这样的过程就可以帮助孩子建立起积极的信念：**价值感和配得感。**

- 我过去是努力的，**我是有价值的**。
- 我有实实在在的成功和收获。
- 我能让自己和父母满意。
- 我感到充满力量，我还可以做得再好一点儿，我还想继续努力。
- **我值得更好的，我配得更好的。**

自信与内在动力就这样悄悄地明亮起来了，每一个这样的时刻都仿佛星星之火，把孩子的心点亮。"星星之火，可以燎原"，父母心里的火苗会映照出孩子心中的斑斓天地。

最后，分享给大家一些实用的有效提升孩子学习效率与自信的工具，这些工具都是我在这十几年的咨询工作中发现和总结的实用妙招，很多父母亲测有效。

善用工具，提升孩子的学习效率和动力

"积极关注"海报和小纸条

对于幼儿园阶段的孩子，我们可以通过制作海报来练习对孩子的积极关注。

图 6-5 是在我线下的父母课程中，一位妈妈与她 4 岁的儿子共同制作的海报，他们进行了为期 1 周的"关注优点"的练习。

我们可以准备一张大的挂纸，中间写下孩子的名字和记录日期。也可以用符号代表孩子的姓名，比如，让孩子画下自己的头像或代表自己的字母等。每天妈妈和孩子一起关注孩子的优点，写出一些具体的行为细节，比如：帮爸爸看肉肉（多肉植物）有没有长大，知道不能把车（平衡车）放在榻（床榻）上，会敲《安和桥》（一首歌）的节奏，会管理自己的小零食，会哈哈笑等。

刚开始记录时，以父母观察、记录为主，但父母会与孩子分享记录的内容。慢慢地鼓励孩子发现自己的本领、好的行

为、好的品质以及对他人的帮助。孩子从父母的关注、感谢和积极反馈中感受到被接纳、被看见，渐渐对自己充满了信心，也更加愿意去关注他人，做出更积极的行为。这个练习可以帮助我们重视和强化"做"这个行为本身，以及已经做到的、值得肯定的部分，只有这样，孩子才会感到"我有可取之处，我还想更好"，而不是"我永远不够好，我做不到，那就算了吧"。

图 6-5   某 4 岁男孩的"积极关注"练习示意图

对于幼升小和小学阶段的孩子，父母们就可以通过写小纸条的方式来积极关注孩子，传递认可与积极情感。比如，我和丰收会给彼此取一个对方喜欢的代号，然后不定期给对方写表达积极情感的小纸条，并藏在对方可以触及的地方，给对方一个惊喜。比如，丰收叫我"可爱妈妈"，我叫他"彗星儿子"，即使他有时会写错别字，但收到他的小纸条依然可以让我开心一整天（如图 6-6 所示）。

图 6-6　我和丰收写给彼此的"积极关注"小纸条

当丰收早上起床，收拾被褥，发现藏在枕头底下的小纸条时，他开心地手舞足蹈。前一天的努力都被看到，他感到心里暖暖的，伴随着愉悦的心情开始了新的一天的学习和生活，并默默地观察我，准备回复我的小纸条。当我撕下昨天的日历，看到贴在今天日历上的小纸条时，也着实感到惊喜不已，并感叹孩子对我的细心观察，会选择在我每天都会触及的地方贴上小纸条，等着被我发现。

这种感觉非常奇妙，充满温情的文字让我们更加信任彼此，互相理解。很多父母也践行了这个方法，坚持了一段时间之后，他们发现这个"积极关注"小纸条不仅可以增强孩子的自信心、同理心，还可以培养孩子善于观察、积极沟通的好习惯。

"可视化 SOP"好习惯打卡表

除了用语言对孩子进行积极关注，父母还可以通过"可视化 SOP"表格来帮助孩子养成良好的行为习惯。因为仅靠语言上的鼓励和讲道理，有些孩子仍然无法完成需要自我克制、付出意志力的任务。孩子的自律需要建立在对规则、流程、机制的学习和练习之上。父母需要把日常惯例、生活流程、学习计划等步骤、规则和流程用可视化的图形、图标、图表展示出来，帮助孩子认知和学习规则，并坚持行动起来，运用正反馈和负反馈等行为训练机制帮助孩子养成良好的行为习惯。

千万不要小瞧动手制作流程的重要性。做父母难免说教，有时候即使你说得再温和、再透彻，都不如你和孩子一起动手按顺序把这一天的流程写下来、打印出来、贴出来更有效。人是视觉动物，都喜欢"按图索骥"。虽然孩子的抽象思维不断发展，但动作思维依然在儿童心智中占据重要地位。父母要学会多与孩子动手写写画画，让规则具象化、可视化，再贴出来按部就班地执行。这样的过程不仅能加深孩子对流程和规则的理解，更有可能让孩子采取行动。因为没有人愿意向别人证明自己是错的。

社会心理学中著名的"承诺一致性原理"认为：一旦人们做出某种决定，选择了某种立场，就会自己采取某种行为，以证明他们之前承诺的正确性。因此，父母们要把模糊不清的陪伴，变成"可量化"的自律！

我是从幼儿园开始给丰收做日常惯例表（如图 6-7 所示）的。最初是用图形表示起床、洗漱、学习和娱乐等项目的时间和顺序，并用卡通图贴给予积极的反馈，帮助丰收养成良好的生活作息习惯。慢慢地，他认识字了，就换成文字的形式，用打钩来记录完成的项目（如图 6-8 所示）。寒暑假更要有劳逸结合的计划，不一定要完全执行得很好，但流程需要清晰明了。

居家上网课期间，我们还一起做了电子表格，打印出来，照着执行（如图 6-9 所示）。包括一些提交作业的流程，也会让丰收自己按科目分类写操作的流程，比如，小练习先自己写，然后自己检查，再让我检查，最后自己上传给老师检阅。

图 6-7　丰收幼儿园阶段好习惯打卡表

图 6-8　丰收幼升小阶段好习惯打卡表

　　孩子写下这一系列的行动步骤，本身就是一种认识和学习，然后打印出来，张贴在可以看到的地方，我们俩都签上自己的名字，象征着达成一致后，会坚持执行约定。

图 6-9　丰收网课期间好习惯打卡表

一旦不只靠"人治"，而建立了"法治"，一切就文明多了，家庭教育也是这样。做父母一定不要"贴身肉搏"，只靠语言上的教育，而要学会利用科学有效的工具，帮助孩子从"知道"到"做到"。

成年人在忙碌的生活中常常寻求一种放松和舒缓的感觉，而儿童却因为这种放松的状态而被不断地鞭策和推动。成人的动力往往源于内心的某种渴望或不足，正如古人所言"持志如心痛"，意味着坚持自己的志向就像心痛一般难以忍受。相比之下，儿童的动力则更多来自他们对世界的好奇心和探索的乐趣。然而，当儿童逐渐长大并开始被社会的各种标准衡量时，他们的乐趣往往会被忽视。父母们也常常被这种社会压力影响，不得不加入鞭策孩子的大军中，变得焦虑不安起来。

那么，身为父母，我们该如何恰当地掌握教养的分寸呢？首先，我们必须明白，对孩子的期望应当是切实可行的。我们可以对孩子的表现持 70% 的满意态度，这表示我们应当真诚地表达对孩子的认可和鼓励。知足者常乐，我们应满足于孩子已经取得的进步和成就，而不是一味追求完美。对于那 30% 的不满意，我们不应轻易给孩子贴上"懒惰、缺乏意志力"等负面标签。相反，我们应谨慎而严厉地指出孩子的不足，帮助他们认识到问题所在，并鼓励他们努力改进。同时，我们要避免对孩子充满"戾气"，因为一旦失去孩子的信任，将很难再补救回来。

为了给足孩子安全感，我们需要在进行行为指引时节制自己的情绪。我们可以花时间制定可视化的流程表来训练孩子，陪伴他们坚持练习，协助他们找到适合自己的学习方法。通过身体力行地"下功夫"，我们可以培育出更加优秀的孩子。

　　当然，父母们也可以保留自己对孩子的要求和指引，等待孩子自己爬过去，等待成长的时机。放轻松，生命就是等待正确的时机行动。作为父母，我们需要相信孩子的能力，给予他们足够的支持和鼓励，让他们在成长的道路上充满信心和勇气。

参考文献

[1] 杨元魁. 毒性压力对儿童脑与行为发展的影响［J］. 教育家, 2018(28)：56-59.

[2] 哈佛大学儿童发展研究中心. 毒性压力指南［Z/OL］. ［2024-06-22］. https://developingchild.harvard.edu/ guide/a-guide-to-toxic-stress/.

[3] 彭海林, 舒婷. 家庭教育中父母情绪管理对幼儿心理成长的影响［J］. 心理月刊, 2021(11)：217-218.

[4] 梁宗保, 严嘉新, 张光珍. 父母元情绪理念与儿童社会适应：父母情绪反应的中介作用［J］. 心理科学, 2020, 43(3)：608-614.

[5] 李婷. 埃里克森人格发展理论视域下青少年家庭教育方式的探索研究［J］. 心理月刊, 2024, 19(2)：191-193.

[6] 马西, 塞恩伯格. 情感依附：为何家会影响我的一生［M］. 武怡堃, 陈昉, 韩丹, 译. 北京：世界图书出版公司, 2013：89-93.

[7] 郑爽, 姜永志. 童年期虐待对个体使用认知重评策略的影响：共情的调节效应［J］. 心理月刊, 2024, 19(5)：21-23.

［8］ 司飞飞，何婷，杨靓靓，等．父母愤怒表达与儿童对立违抗障碍症状的关系［J］.中国心理卫生杂志，2024，38(3)：254-259.

［9］ MADON S, JUSSIM L, GUYLL M, et al. The accumulation of stereotype-based self-fulfilling prophecies［J］. Journal of personality and social psychology, 2018, 115(5)：825-844.

［10］ ZHU M J, URHAHNE D, RUBIE-DAVIES C M. The longitudinal effects of teacher judgement and different teacher treatment on students' academic outcomes［J］. Educational psychology, 2018, 38(5)：648-668.

［11］ LÓPEZ F A. Altering the trajectory of the self-fulfilling prophecy：asset-based pedagogy and classroom dynamics［J］. Journal of teacher education, 2017, 68(2)：193-212.

［12］ 高明华．父母期望的自证预言效应 农民工子女研究［J］.社会，2012，32(4)：138-163.

［13］ 李睿秋．打开心智：人生破局的关键思维［M］.北京：中信出版社，2022：24-26；40-42.

儿 童 期

《自驱型成长：如何科学有效地培养孩子的自律》
作者：[美]威廉·斯蒂克斯鲁德 等 译者：叶壮

樊登读书解读，当代父母的科学教养参考书。所有父母都希望自己的孩子能够取得成功，唯有孩子的自主动机，才能使这种愿望成真

《聪明却混乱的孩子：利用"执行技能训练"提升孩子学习力和专注力》
作者：[美]佩格·道森 等 译者：王正林

聪明却混乱的孩子缺乏一种关键能力——执行技能，它决定了孩子的学习力、专注力和行动力。通过执行技能训练计划，提升孩子的执行技能，不但可以提高他的学习成绩，还能为其青春期和成年期的独立生活打下良好基础。美国学校心理学家协会终身成就奖得主作品，促进孩子关键期大脑发育，造就聪明又专注的孩子

《有条理的孩子更成功：如何让孩子学会整理物品、管理时间和制订计划》
作者：[美]理查德·加拉格尔 译者：王正林

管好自己的物品和时间，是孩子学业成功的重要影响因素。孩子难以保持整洁有序，并非"懒惰"或"缺乏学生品德"，而是缺乏相应的技能。本书由纽约大学三位儿童临床心理学家共同撰写，主要针对父母，帮助他们成为孩子的培训教练，向孩子传授保持整洁有序的技能

《边游戏，边成长：科学管理，让电子游戏为孩子助力》
作者：叶壮

探索电子游戏可能给孩子带来的成长红利；了解科学实用的电子游戏管理方案；解决因电子游戏引发的亲子冲突；学会选择对孩子有益的优质游戏

《超实用儿童心理学：儿童心理和行为背后的真相》
作者：托德老师

喜马拉雅爆款育儿课程精华，包含儿童语言、认知、个性、情绪、行为、社交六大模块，精益父母、老师的实操手册；3年内改变了300万个家庭对儿童心理学的认知；中南大学临床心理学博士、国内知名儿童心理专家托德老师新作

更多>>> 《正念亲子游戏：让孩子更专注、更聪明、更友善的60个游戏》 作者：[美]苏珊·凯瑟·葛凌兰 译者：周玥 朱莉
《正念亲子游戏卡》 作者：[美]苏珊·凯瑟·葛凌兰 等 译者：周玥 朱莉
《女孩养育指南：心理学家给父母的12条建议》 作者：[美]凯蒂·赫尔利 等 译者：赵菁

青春期

《欢迎来到青春期：9~18岁孩子正向教养指南》
作者：[美] 卡尔·皮克哈特 译者：凌春秀

一份专门为从青春期到成年这段艰难旅程绘制的简明地图；从比较积极正面的角度告诉父母这个时期的重要性、关键性和独特性，为父母提供了青春期4个阶段常见问题的有效解决方法

《女孩，你已足够好：如何帮助被"好"标准困住的女孩》
作者：[美] 蕾切尔·西蒙斯 译者：汪幼枫 陈舒

过度的自我苛责正在伤害女孩，她们内心既焦虑又不知所措，永远觉得自己不够好。任何女孩和女孩父母的必读书。让女孩自由活出自己、不被定义

《青少年心理学（原书第10版）》
作者：[美] 劳伦斯·斯坦伯格 译者：梁君英 董策 王宇

本书是研究青少年的心理学名著。在美国有47个州、280多所学校采用该书作为教材，其中包括康奈尔、威斯康星等著名高校。在这本令人信服的教材中，世界闻名的青少年研究专家劳伦斯·斯坦伯格以清晰、易懂的写作风格，展现了对青春期的科学研究

《青春期心理学：青少年的成长、发展和面临的问题（原书第14版）》
作者：[美] 金·盖尔·多金 译者：王晓丽 周晓平

青春期心理学领域经典著作
自1975年出版以来，不断再版，畅销不衰
已成为青春期心理学相关图书的参考标准

《为什么家庭会生病》
作者：陈发展

知名家庭治疗师陈发展博士作品。

原生家庭

《母爱的羁绊》

作者：[美] 卡瑞尔·麦克布莱德 译者：于玲娜

爱来自父母，令人悲哀的是，伤害也往往来自父母，而这爱与伤害，总会被孩子继承下来。

作者找到一个独特的角度来考察母女关系中复杂的心理状态，读来平实、温暖却又发人深省，书中列举了大量女儿们的心声，令人心生同情。在帮助读者重塑健康人生的同时，还会起到激励作用。

《不被父母控制的人生：如何建立边界感，重获情感独立》

作者：[美] 琳赛·吉布森 译者：姜帆

已经成年的你，却有这样"情感不成熟的父母"吗？他们情绪极其不稳定，控制孩子的生活，逃避自己的责任，拒绝和疏远孩子……

本书帮助你突破父母的情感包围圈，建立边界感，重获情感独立。豆瓣8.8分高评经典作品《不成熟的父母》作者琳赛重磅新作。

《被忽视的孩子：如何克服童年的情感忽视》

作者：[美] 乔尼丝·韦布 克里斯蒂娜·穆塞洛 译者：王诗溢 李沁芸

"从小吃穿不愁、衣食无忧，我怎么就被父母给忽视了？"美国亚马逊畅销书，深度解读"童年情感忽视"的开创性作品，陪你走出情感真空，与世界重建联结。

本书运用大量案例、练习和技巧，帮助你在自己的生活中看到童年的缺失和伤痕，了解情绪的价值，陪伴你进行自我重建。

《超越原生家庭（原书第4版）》

作者：[美] 罗纳德·理查森 译者：牛振宇

所以，一切都是童年的错吗？全面深入解析原生家庭的心理学经典，全美热销几十万册，已更新至第4版！

本书的目的是揭示原生家庭内部运作机制，帮助你学会应对原生家庭影响的全新方法，摆脱过去原生家庭遗留的问题，从而让你在新家庭中过得更加幸福快乐，让你的下一代更加健康地生活和成长。

《不成熟的父母》

作者：[美] 琳赛·吉布森 译者：魏宁 况辉

有些父母是生理上的父母，心理上的孩子。不成熟父母问题专家琳赛·吉布森博士提供了丰富的真实案例和实用方法，帮助童年受伤的成年人认清自己生活痛苦的源头，发现自己真实的想法和感受，重建自己的性格、关系和生活；也帮助为人父母者审视自己的教养方法，学做更加成熟的家长，给孩子健康快乐的成长环境。

更多>>> 《拥抱你的内在小孩（珍藏版）》作者：[美] 罗西·马奇-史密斯

《性格的陷阱：如何修补童年形成的性格缺陷》作者：[美] 杰弗里·E. 杨 珍妮特·S. 克罗斯科

《为什么家庭会生病》作者：陈发展